歳を重ねて尻尾が生える

朦朧運転を阻止！
ベテランドライバーの自覚

瑞木　秀光
Shu Mizuki

文芸社

はじめに

信じられないような交通事故、それも重大事故が毎日のように起こっています。

私は数年前から気になっていることがあって調査を始めました。そうすると心配していたとおり、年を追うごとに事故が増えてきているのです。このままではとんでもないことになるような気がしてならず、今日までの資料を元に、一つのドライビングメソッドを確立しました。

有り得ないことが起こっているのには理由が必ずあります。私のできることは小さいことですが、今すぐにも誰でもできるメソッドを紹介して、一つでも悲惨な事故が防げるのであればうれしいことです。

異常事態です。緊急提言します。

新しい安全装備が開発され危険を知らせてくれても、そして「緊急ブレーキ」をドライバーに代わってかけてくれても追突事故が起こる可能性があります。つまりブレーキをかけるのはあなた以外にいないのです。

アクセル／ブレーキ踏み間違いは防げます。

アクセル／ブレーキ踏み間違いは誰でも起こります。

アクセル／ブレーキ踏み間違いの原因は「朦朧運転《もうろううんてん》」です。

このままでは暴走事故がもっと起こります。

自動車は「見たまま」「感じたまま」走らせるものではありません。「集中し」「考えて」

そして「操縦」するものです。

人間は大昔、尻尾が生えていました。これは大事なことなので覚えておいてください。

私は六十歳を超えました。

十数年前から住宅建築現場や自動車の交通事故に関する「安全設備」「安全部材」の研究を続けてきました。

数年前から一年ごとに自分自身の体力が、前年と比べて突然と感じるくらい「弱った！」と思うようになりました。自分自身、仕事柄自動車が必要ですので、「交通事故」に対して取材や証言を得て詳しい原因を追求するようになり、たどり着いた答えが「朦朧《もうろう》運転《うんてん》」でした。

自動車事故の原因は、高齢者としての問題もあるのですが、朦朧運転は高齢者だけの問題ではなく、誰にでも起こる問題です。

ブレーキ／アクセル誤踏事故も朦朧運転だと考えます。特に近年、このような重大暴走事故が毎日のように発生してニュースになっています。その他にも高速道路の逆走問題など、今まで考えられなかったような事故が起こっています。さらに、自動車の仕組みに関係のない、人間の精神的な問題が関係しているような交通事故も社会問題となっています。

私は今後、もっと悲惨な重大交通事故が起こる気がしてなりません。自動車の装備はものすごい勢いで進歩していますが、それをすべての人たちが手にするわけではありません。時間も必要です。何よりも人間としての精神的な部分は手付かずと言って良いでしょう。

私がこういった問題に対して何かができるわけではないのですが、今まで研究してきたことで一つでも参考になれば、そして微々たる力かもしれませんが一助になればと思いペンをとりました。


日本の〝道交法〟が最近大きく変わったわけではないのに、私は結構違和感を覚えています。そして海外との違いも感じます。日本では、一人一人が自分の走りやすいように道を使っているかのようです。

ドライバーになった途端、歩行者に対して、大名行列の御大名になったかのように〝そこのけそこのけお馬が通る〟が如き態度で走ります。それは何か不満をぶちまけて、ストレスを発散しているようにも映るのです。

◆突然ですが……A／T車（オートマチック車）に乗っているあなたに質問します。

問題（AかBを選んでください）

A　交差点に近づくと信号が赤になった。
あなたはブレーキペダルを踏んで停車。
約三十秒間ブレーキペダルを踏んで待機。
信号が青になった。
あなたはブレーキペダルを離し、アクセルペダルを踏んで発信した。

B　信号が赤になった。
あなたはブレーキを踏み、停車後、駐車ブレーキ（サイドブレーキ）を引き、シフトレバーをⓃにシフト後、ブレーキペダルを離し、三十秒間待機した（※Ⓟでも可）。

信号が青になったので、ブレーキを踏んでⒹにシフトし、サイドブレーキを解除してアクセルペダルを踏んで発進した。

※日頃の「運転」を思い出してみてください。

もくじ

「運転」を「操縦」に

「自動車の運転」を「自動車の操縦」と言い換えると、とっても難しいイメージになるかもしれません。時代が変わり平成から令和になり、もっと気楽に「運転」をしたいところですが……。でもここ数年、急に増え続けているちょっと深刻な自動車事故をいろいろな方向から見て考えて、今一度見つめ直し、私たちが自分自身でできることから重大な交通事故を防ぐアイデアを考えていきたいと思うのです。

私は数年前から大きな危機感を持っていました。それは「そのうち大きな大変な事故が増えるのではないか」という思いでした。そしてそれが少しずつ現実になり、今後さらに増えるのではないかという不安が日に日に私の中で増幅していきます。

本書では、この数年間に起こった事故現場の検証やインタビューを通じ、そして自分が今まで「安全」に関わって得た資料を元に、自動車を取り巻く現状を示すとともに、今後の自動車の運転技術における提案をしたいと思います。

「操縦」と言えば、通常は飛行機や船で使う言葉で、あまり自動車では使いません。自動

車は昔から「運転」と表現し、運転する人を「運転手」と呼んでいました。呼び方などどうでも良いかもしれませんが、私はあえて今、「操る」「志を持って変えない」「巧みに動かす」「貞操」等々で使うように、「覚悟」を持って「携わる」という意味で「運転」のことを「操縦」と言いたいのです。もう一度「ルール」や「操作手順」「自動車の特性」「人間の心理」を理解して、あるいは思い出して自動車を動かしてほしいと願い、そう表現しました。

もう一つ、今や自動車は「老若男女」を問わず誰でも運転できます。しかし、一つ間違えば凶器と化し、重大事故を引き起こします。町中を走るため、凶器と化した自動車はすぐ近くを歩く人たちや自転車、バイク、建物も一瞬のうちに殺傷、破壊して悲惨な結果をもたらすのです。

交通事故を未然に防ぎ、悲しい思いをする人が一人でも少なくなるように、私たち一人一人が自動車の運転を見直すために提案します。運転を甘くみないで「操縦」として自分の運転を見直してください。

是非、一緒に見直しましょう。

「昭和」そして「平成」から「令和」に

令和元年、新しい時代の始まりです。

過去百年、自動車は驚くほどの進化を遂げ、自動運転が実用化されようかという時代になりました。

しかし、人間はどうでしょう。この百年で何が変わったのでしょう。「顔が小さくなった」かもしれません。「足が長くなった」かもしれません。速く走れるようになったし、遠くまで跳べるようになったでしょう。体力も、同じ六十歳なら昔よりあるのかもしれません。

しかし、目が後ろについた人はいないし、指先で音が聞こえるようになった人もいません。つまり、百年くらいではほとんど変化はないのです。どうかすると何もかも便利になって、むしろ頭が退化しているのかもしれません。自動車が進化して操作が簡単になり、「考えて」「注意して」「集中して」操作しなくても運転できるようになってしまいました。

でも、ちょっと考えてください。自動車ができてから便利、簡単にはなったけれど、今も昔も右足でアクセルを踏み、右足でブレーキを踏んでいます。右足は今も昔も頑張って

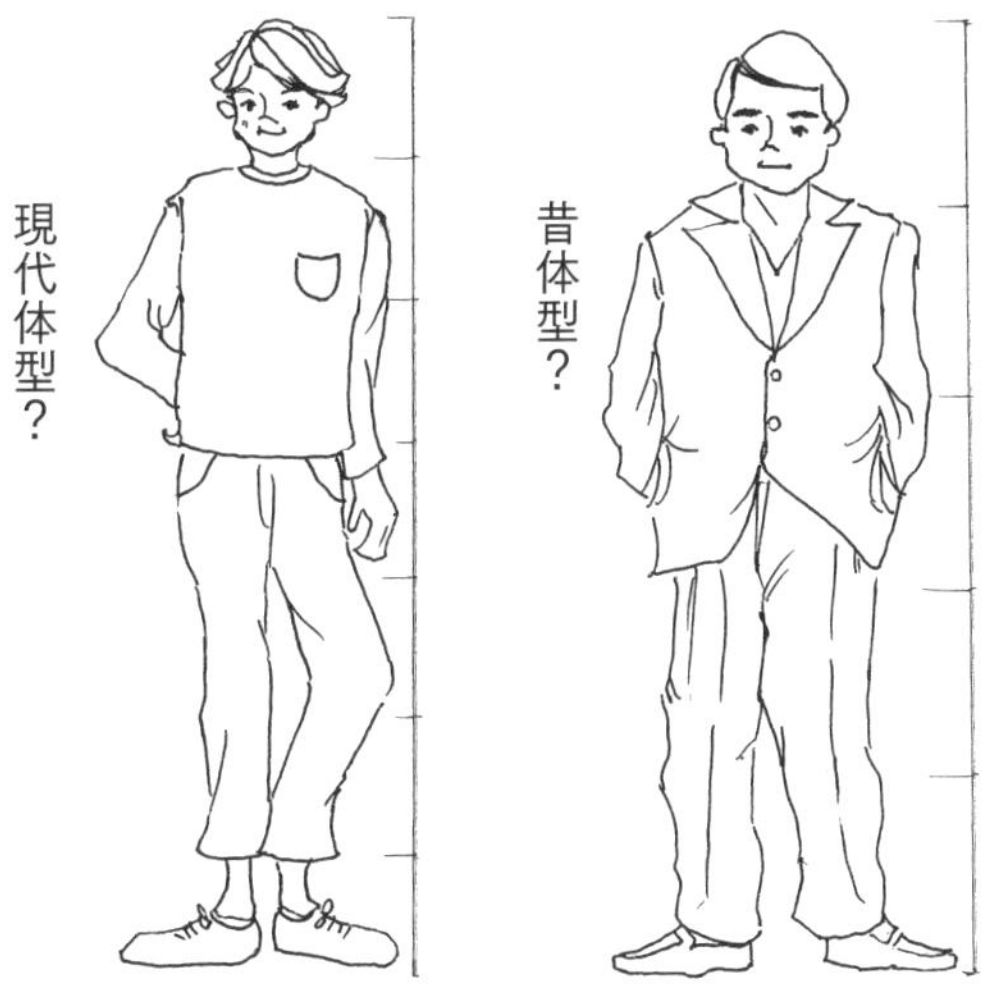

シフトレバー配置図

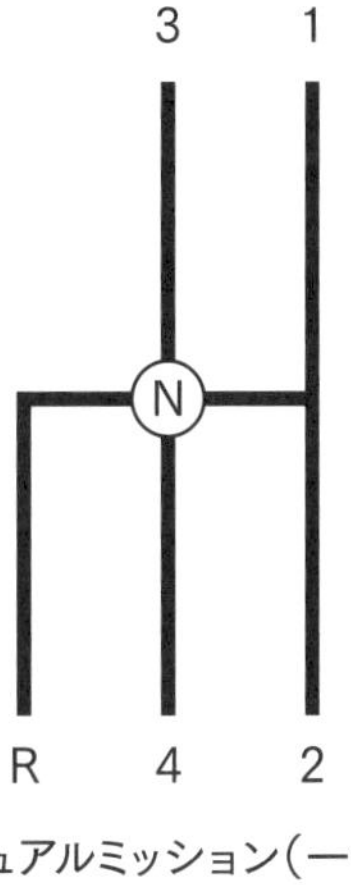

4速マニュアルミッション（一例です）

シフトレバー配置図

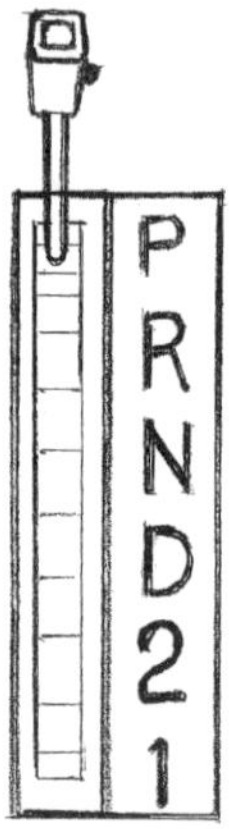

一般的なA/T

働かないと駄目なようです。

一九七〇年代、自動車の量産が進み、サラリーマンの給料も増えて自動車の大衆化が進みました。販売台数も急激に増えましたが、保有車はマニュアルミッション車の方が多く、オートマチック車はまだ人気がありませんでした。

新車販売台数ではオートマチック車がマニュアル車を追い越したのは、一九八〇年代後半です。そして自動車の保有台数の増加とともに交通事故も激増し、一年間に一万人を越える死者が問題となったのもこの頃です。

交通事故の死者数はもちろん、事故そのものを減らすのに道路標示、道路整備、講習会の開催など、官民一体となって努力した結果、毎年徐々に減らすことができました。

この時代の方法としては有効的な対策が功を奏したのだと思います。

それでは今の時代はどうでしょう。残念ながら当時と同じ対策では、昨今のブレーキ／アクセル誤踏事故などの重大事故は防げません。

しかし、だからといって諦めるわけにはいかないのです。

自動車の進化と人間の関係

マニュアルミッションが主流の時代、自動車をスタートさせるときの操作は以下のようでした。

①駐車ブレーキ（サイドブレーキ）が作動しているか確認します。

②クラッチペダルを左足で踏み込みながら右足をアクセルペダルに乗せ、エンジンを始動させます。同時にミッションレバーに左手を添えて、ギヤがニュートラルの位置にあるか確認します。

（※現在のようにアクセルペダルを踏まなくても始動スイッチをオンにすることで始動できるとは限らない時代です。場合によってはエンジンの始動でさえアクセルを少し踏んでガソリンの吸入量を調整するといったテクニックが必要でしたので、駐車ブレーキはとても重要でした）

③さて出発です。左足でクラッチを踏み込んだままギヤを1か2にシフトして、右足でアクセルを少し踏みながら左足のクラッチペダルを少しずつ緩めます。すると車は前に動

き出そうとします。この状態を「半クラッチ」と言います。この感覚を身体に覚えさせて、エンジンが止まらない状態を維持した上で徐々にクラッチを離して発進させます。ドライバーはこの一連の動作を身体に覚えさせ、スムーズに走り出すテクニックを身につけなければなりませんでした。

まさに「操縦」と言って良いでしょう。

④このとき、操作に集中してスタートさせることが重要で、焦って早く左足（クラッチペダル）を離すと、エンジンの回転数不足でトルク（回転力）が足りずエンスト（エンジンストップ）をさせてしまうこともしばしば起こりました。

このときのドライバーの状態は……

目は「前方、左右、後方に注意を払い」

左手は「シフトレバーを作動させてからハンドルを握り」

右手は「エンジン始動と方向指示器を作動させたりしながらハンドルを握り」

右足は「アクセルを踏みながらブレーキも意識」しています

左足は「クラッチペダルを微妙な感覚で操作」します

こういった、とても緊張感を必要とする全身の動きが必要でした。

これらがマニュアルミッション車の発進手順ですが、現在のマニュアルミッション車では、エンジンの始動性の改良や、エンジン自体の電子制御化の進歩により少し簡略化できるようになりました。しかし、オートマチックミッション車（以下「オートマチック車」）に比べると、やはり集中する必要があります。

「操縦」と言う意味の提案を理解していただく上で、機会があればできるだけマニュアルミッション車を「操縦」してみることをお薦めします。

さて、話を続けますが、これらのどの操作も当時（一九七〇年代）としてもとても重要だったので、もし一つ間違えれば走ることすらできないばかりか、暴走し凶器と化したことは理解できると思います。だから自動車が大衆化する以前に「操縦する」という意識を持たせた方が良かったと思います。

以上のように、私はしつこいくらい過去と現在の違いを語っていますが、もう少しお付き合いください。なぜなら、この違いが今の朦朧運転に関係しているからです。

ここまでお話しした中で、朦朧運転の原因となる要素が見えてきました。はっきりと言えることは、

・「右足」ばかり使う状態が増え
・「左足」を使う状態が著しく減る

こういった操作になってきたということです。

現在はほとんどの自動車がオートマチック車の時代です。三十年、四十年前にマニュアルミッション車に乗っていた人たちも、今はオートマチック車に乗っていると答える方々も多いのではないでしょうか。

「自動車が走り出しても左足は一度も使っていない」と言う方がいるはずです。

(駐車ブレーキがペダル方式で左側床に装着されている自動車は、左足を使います)

オートマチック車の場合、

①ブレーキペダルを踏んでエンジンを始動。
②ブレーキペダルを踏みながらオートマチックシフトレバーを「ドライブレンジⓓ」にシフトします。

③ブレーキペダルを離すと少しずつ動き出し（トルコン現象）、さらにアクセルペダルを踏むと速度が上がります。
（ブレーキペダルを離しただけでは動き出さない路面や傾斜もあります）

このときの状態は左足をほとんど使っていないので、走行が始まると状況によってはそのまま停車することなく走り続け、次に停車しても、ブレーキペダルを踏んだまま停車していたとすれば、また走り出しても同じ操作をくり返し、目的地に到着して車を離れるまで一度も左足を使わず、気がつけば数時間経過しているということも起こります。
しかし、私はあえて皆さんに伝えたいのです。覚えておいてください。右足を使っている時間はこんなものじゃない！　という事実を。

話を戻します。
ブレーキペダルについて興味深い話を紹介します。
「運転」を「操縦」と言い換える理由はブレーキにもあります。
そしてオートマチック車の場合、さらに繊細な動きは必要なく、踏み込む力もあまり必

要としません。それは油圧であったり、電気であったり、負圧と言った自動車の持つパワーを使うことで、人間の力を極力使わずに済むように進化しているからです。安全設備も多数設置されてきていて、エンジンを始動させたとたんに暴走しないようにⓅレンジやⓃレンジ以外にシフトしているとエンジンが始動しないような構造になっています。これはほんの一例です。まだまだ目を見張る進化はありますが……。

このように今とちょっと昔を比べただけでも、あれほど繊細な動きを必要としていた「操縦」で左足を目一杯使っていたのに、この三、四十年の間にほとんど使わなくなってしまいました。そして左手も、昔と比べてみるとほとんど使わなくなりました。

人間は左右対称に作られています。だから片側しか使わなかったらバランスが取れません。そして、それが原因で脳が間違った情報を伝えたとしても不思議ではないのです。手先、足先、指先に間違った情報が伝わるのです。もっと恐ろしいのは、それらの間違った情報を伝えている事実を自分自身が意識していないことなのです。

他にも、信号待ちの間にスマホを見たり、ナビをチェックしたり……。

気がつけば爪を噛《か》んでいる。

気がつけば貧乏揺すりをしている。

つまり「癖」のようなことを身体が無断でしてしまおうとする状態なのです。そしてやっていても無意識なのでやめられないのです。

耳寄りな話①　トルコン現象

A／T車は自動的に変速します。この変速機はオイルを利用した流体変速機でトルクコンバーター（トルコン）と呼びます。Ⓓレンジにシフトすると、エンジンの回転

郵便はがき

料金受取人払郵便

新宿局承認

1409

差出有効期間
2021年6月
30日まで
(切手不要)

160-8791

141

東京都新宿区新宿1－10－1
(株)文芸社
愛読者カード係 行

ふりがな お名前		明治 大正 昭和 平成	年生 歳
ふりがな ご住所	□□□-□□□□		性別 男・女
お電話 番号	(書籍ご注文の際に必要です)	ご職業	
E-mail			

ご購読雑誌(複数可)	ご購読新聞 新聞

最近読んでおもしろかった本や今後、とりあげてほしいテーマをお教えください。

ご自分の研究成果や経験、お考え等を出版してみたいというお気持ちはありますか。

ある　　ない　　内容・テーマ(　　　　　　　　　　)

現在完成した作品をお持ちですか。

ある　　ない　　ジャンル・原稿量(　　　　　　　　　　)

書　名				
お買上 書　店	都道 府県	市区 郡	書店名	書店
			ご購入日	年　　月　　日

本書をどこでお知りになりましたか?

1.書店店頭　2.知人にすすめられて　3.インターネット(サイト名　　　　)

4.DMハガキ　5.広告、記事を見て(新聞、雑誌名　　　　)

上の質問に関連して、ご購入の決め手となったのは?

1.タイトル　2.著者　3.内容　4.カバーデザイン　5.帯

その他ご自由にお書きください。

(　　　　)

本書についてのご意見、ご感想をお聞かせください。

①内容について

②カバー、タイトル、帯について

弊社Webサイトからもご意見、ご感想をお寄せいただけます。

ご協力ありがとうございました。

※お寄せいただいたご意見、ご感想は新聞広告等で匿名にて使わせていただくことがあります。

※お客様の個人情報は、小社からの連絡のみに使用します。社外に提供することは一切ありません。

■書籍のご注文は、お近くの書店または、ブックサービス(0120-29-9625)、セブンネットショッピング(http://7net.omni7.jp/)にお申し込み下さい。

力がオイルの流れを介してタイヤに伝わります。アクセルペダルを踏まなくても、エンジンを始動してⒹにシフトすれば車は動き出します。この状態をトルコン現象と呼びます。

しかし必ず動き出すと思いこまないでください。停車した位置が上り坂や、舗装が傷んでいたりすると動かないこともあります。赤信号で停車した車がブレーキペダルを踏んでいるのは、Ⓓレンジにシフトした状態で停車しているためです。

朦朧運転《もうろううんてん》

朦朧運転を説明する前に、もう少し「右足」の苦労話をさせてください。本当に右足がかわいそうなくらい働いていることを、皆さんに知ってもらって、その上で今後協力してあげていただきたいのです。

想像してください。今、あなたの自動車は交差点に差しかかり、赤信号で停車しなければなりません。この交差点は大きな交差点で交通量もとても多いです。さて、停車したあなたの前方に停車している自動車は何台ありますか。

「十六台です」

ブレーキランプが点灯している自動車は何台ですか。

「十六台、全部です」

このように、今、他の交差点でもブレーキランプを点灯させて停車している自動車は九十パーセント以上です。

つまり、右足は次の青信号になるまでシフトレバーをドライブⒹにシフトした状態で、ブレーキペダルを踏んだまま停車しているわけです。

右足はかわいそうだと思いませんか。

しかも、ドライブレンジにシフトしたままのため、ブレーキペダルを踏んでいないと自然に動き出したりする状態なわけです。そのような自動車が何十台と停車しているのです。

私が知っていただきたかったのは、このような状態で運転している人がかなりいるということです。

なぜ、駐車ブレーキを使わないのでしょうか。なぜ、右足を休ませてあげないのでしょうか。

また、左足は何もしていないので、この暇なときに足首を上下に動かして運動不足を解消したらどうですか。そうです。ストレッチをすれば良いのです。幸い、オートマチック車にはフットレストが付いています。サイレントクッションを取り付ければ同乗者にも気兼ねなくストレッチくらいできます。こうすれば左足も喜んでくれること間違いなしです。

是非皆さん、左足、右足をどうか助けてあげてください。

わかっていただきたいのは、左足は何もせず、ボ～ッとすることが癖になっているということです。右足も左手が協力してくれないから文句も言わず、ず～っとブレーキペダルを踏み続けることが癖になっています。左手はシフトレバーや駐車ブレーキ、ワイパー操作などでは使いますが、これは必要に応じて意識的に使うため、以前と比べて減りました。つまり残念なことですが、人は進化して便利になったのと引き替えに、大切なことも省略することを覚えてしまうのです。

そうです。もう明らかに朦朧状態です。それも頭では理解しているので、いわゆる「身体的朦朧状態」で、朦朧運転の一歩手前の非常に危険な状態なのです。

この状態で、さらに「脳」にいろいろな情報が飛び込んできたり、あるいはすでに蓄積された誤った情報が脳の中を駆け巡ったとき、無意識のうちに「身体的朦朧状態」になります。

この状態で「右足」がペダルから離れたら……「えっ？　何？」「どうして動くの？」「止めなきゃ！」とブレーキを踏んだつもりが……さっきまでブレーキを踏んでいた残像があり、そのまま踏んだら隣のアクセルだった！　ということが起こってしまいます。これは時空の「歪み」のようなほんの一例です。

他にも、異常な行動に結び付くケースは予想していないことが起こったときの焦りからきます。

異常な行動をする前にすでに起こっている前兆がありました。それを見逃してしまっていることがすなわち「朦朧運転」です。だから「時すでに遅し」の状態になり焦ってしまうのです。

動き出すのはⒹレンジにシフトしたままの状態でブレーキペダルを踏んでいたからです。足を離したら動き出します。離していても動かないときもあります。ブレーキペダルを離しても動き出さない理由は、

一、気づかない程度の上り坂に「たまたま」停車していた。

二、停車したら「たまたま」小石を踏んでいた。小石でなくとも「ダンボールの端くれ」が落ちていた。それをタ

イヤが踏んでいて抵抗があるから、足を離しても停車していた。

三、「たまたま」エアコンのコンプレッサーが止まっていて、エンジンの回転数が下がっていた。

他にもあるかもしれませんが気がつかないことが起こっているのです。もう、「麻痺」してしまっています。今、右足が何をしていたのか訳のわからない状況になってしまいアクセルを踏んでしまうのです。

もしこのとき、朦朧状態でなかったら、「あっ！　間違えた！」と感じ、「ブレーキ」が踏めます。そうです。もし踏み間違えたと意識しているのなら、少し遅れてでも「ブレーキ」を踏めば小さな事故で済むのです。

それがブレーキを踏んだという意識でアクセルを踏んでいるのです。あるいは焦ってしまい、ペダルを離していた右足が「いつもの癖」で何かを踏んだらアクセルペダルだったのです。

大きな事故を起こしてしまってから何が起きたのか理解できず、どうにも説明できず「アクセルとブレーキを踏み間違えた」と言うしか言葉が見つからないといった事実も証言の中にはあります。また、「アクセルとブレーキを踏み間違えたのですか?」と聞かれたので「そうです」と答えたという証言もありました。

アクセルペダルを踏む。ブレーキペダルを踏む。これらを自信を持って操作するために朦朧状態にならない方法がありますが、その説明の前にもう少しお付き合いください。

操縦のイメージ

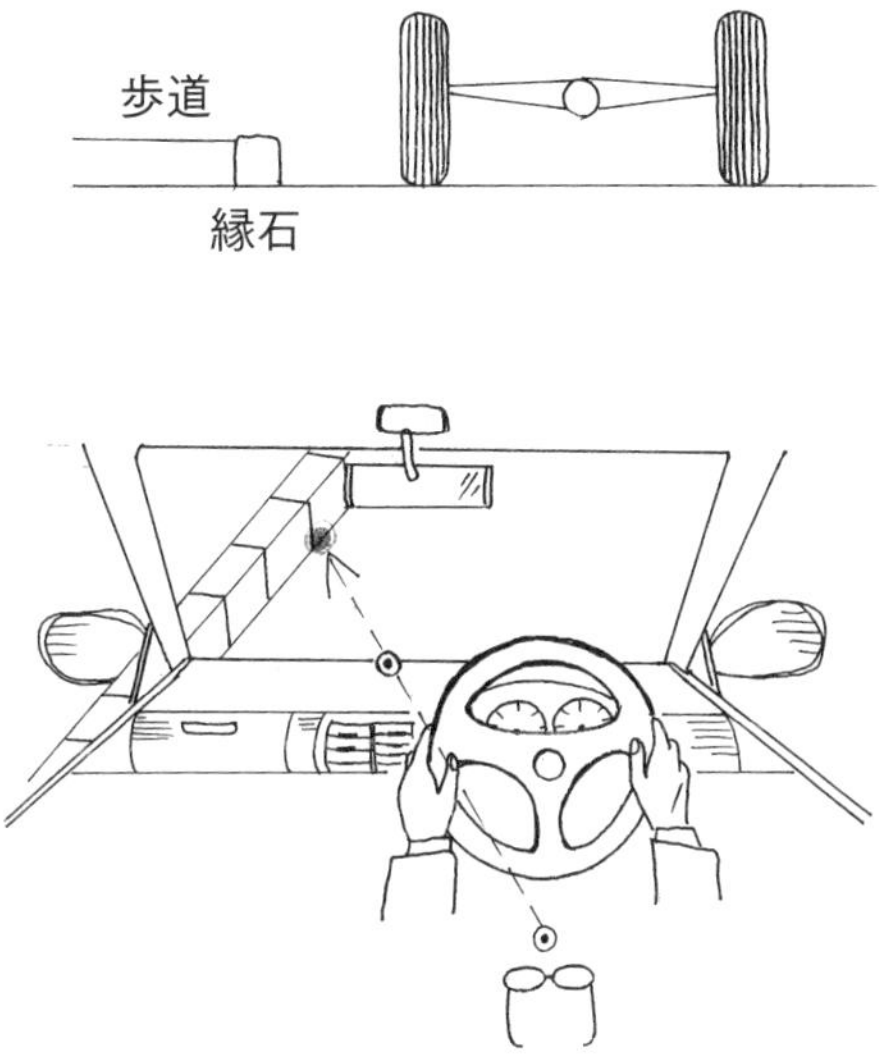

ブレーキを踏まなくなったドライバー

私が調査したところでは、制限速度で運転したとき、信号やカーブに差しかかるときなど、ほとんどの人が「無意識にブレーキを踏んでいる」と答えています。飛び出しと言っても道路を塞ぐほどの飛び出しでなく、視界に入る程度なら急ブレーキはかけない、と答えています。そして「道路を塞ぐほどのことが起これば急ブレーキを踏む
と思います」と答えています。

過去三度、アンケートを取りましたが、その結果、「急に飛び出して来たらどうしますか?」の問いに「ハンドルをきって避けます」と答えた人が数人いたことが注目されます。

そして「急ブレーキを使った経験はありますか?」の問いに「時速二十キロくらいならあります」と答えた人は二十パーセントくらいで、時速四十キロになると五パーセント、六十キロになると誰もいませんでした。

もう一つ注目した答えは、「急ブレーキを踏むと自分の車自体がどうなるかわからないから不安だ」という答えでした。

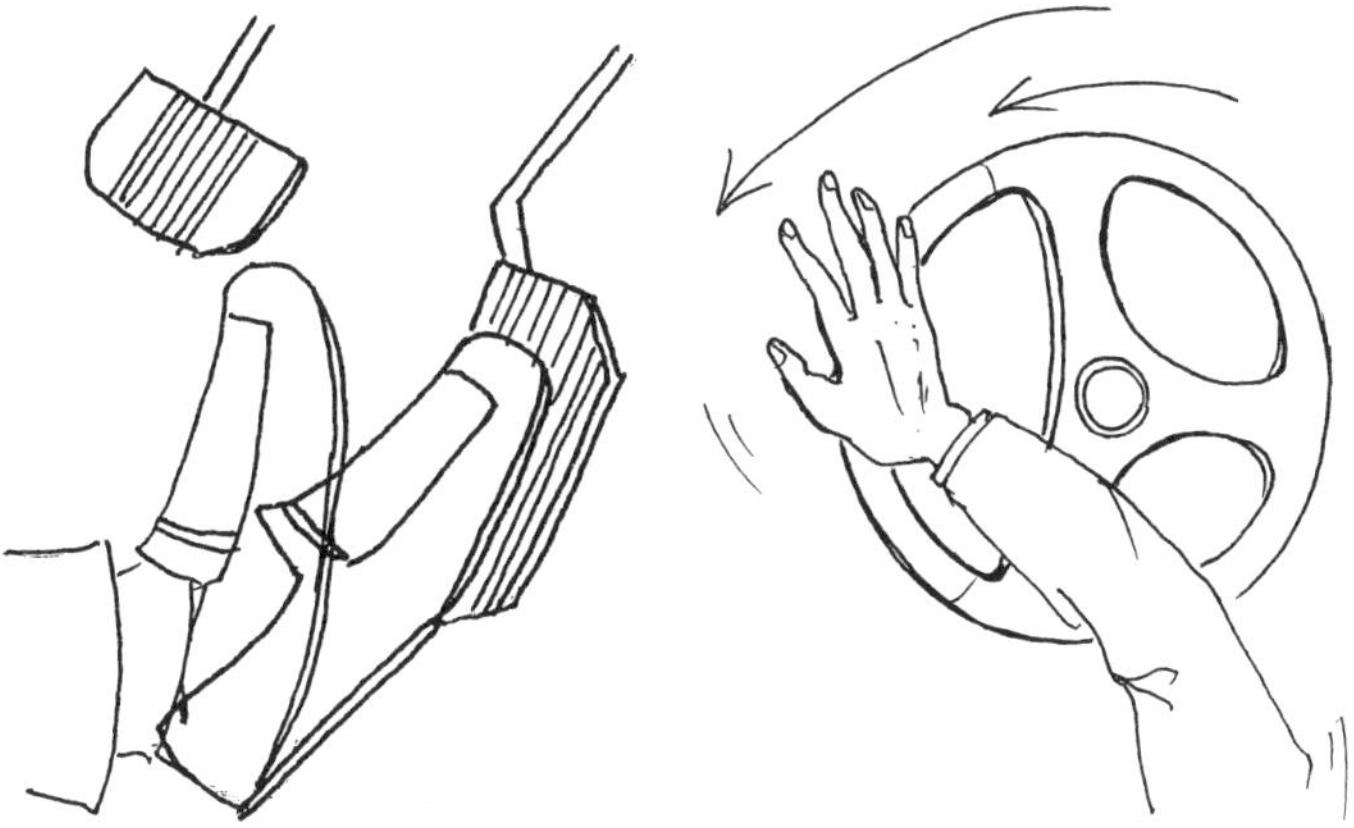

このアンケートはすべて信じられるわけではないのですが、注目したいと思っています。

交差点の信号待ちでブレーキペダルを踏み続けることに違和感を持たないのに、走行時にあまりブレーキを使わない意識や、急ブレーキを使うこと自体が不安という本末転倒な意識が、少数ながらも気になります。

現在の「自動車運転感覚」は、一般的には「一生懸命」「操縦」している感覚はなく、「頭の中ではいろいろなことを考えて」「身体が覚えている感覚」で自動車を無意識に「運転」していると言っても過言ではないでしょう。

耳寄りな話② ブレーキ液

ブレーキに使われる液体は「ブレーキオイル」とは呼びません。「ブレーキ液」と呼びます。

これは間違っても石油系鉱物油を使わないことからで、どちらかと言うと植物性に近い合成溶剤です。分かりやすく言うと、ないときは水の方がマシという冗談があるくらいです。

関係するトラブルで重大事故になる可能性が「ベーパロック現象」です。最近あまり注目されないだけに、あえて注意喚起します。これはブレーキ液が沸騰することで踏む力が伝わらず、ブレーキが効かない現象です。フェード現象とともに最悪の重大事故になる可能性があるので、フットブレーキばかりに頼る走行からエンジンブレーキを使う走行も忘れないように、本書の安全運転テクニックを見直してみてください。

ちょっと余談ですが……①

最近、自動車タイヤのパンク、バースト（タイヤの破裂）、そしてブレーキランプ、バックランプの球切れ……といった故障が多いと言います。

原因の一つには、自動車が日常生活の中に溶け込んでいることがあり、そしてセルフ式ガソリンスタンドの普及が大きな原因らしいです。ますます「自己責任」が大きなウエイトを占める時代になってきているようです。

さらに、「始業点検」「出発準備点検」をする人も決して多くないようで、朦朧状態と重なれば……と思うと、想像しただけで怖くなってしまいます。

「精神的朦朧運転」と「身体的朦朧運転」

「精神的朦朧運転」は予兆があることが多いので、「おかしい」と気づく場合が多いと思います。

困るのは「身体的朦朧運転」です。

頭の中では正常に考えていたり気づいていたりするのに、身体的には正常に操作していないときです。身体が悪い方向に覚えてしまっている、「悪い癖」に近い状態です。

例えば……ということで紹介します。

日本では自動車は左側通行です。この「ルール」で説明します。

①今、私は交差点に差しかかり、右折しようとしています。

②交通量が多いので注意して、横断歩道を越えてセンターライン寄りに交差点の中央まで進み停車します。

③私の後方には数台の後続車がありました。しかし、私の左側を通過して直進して行きま

した。

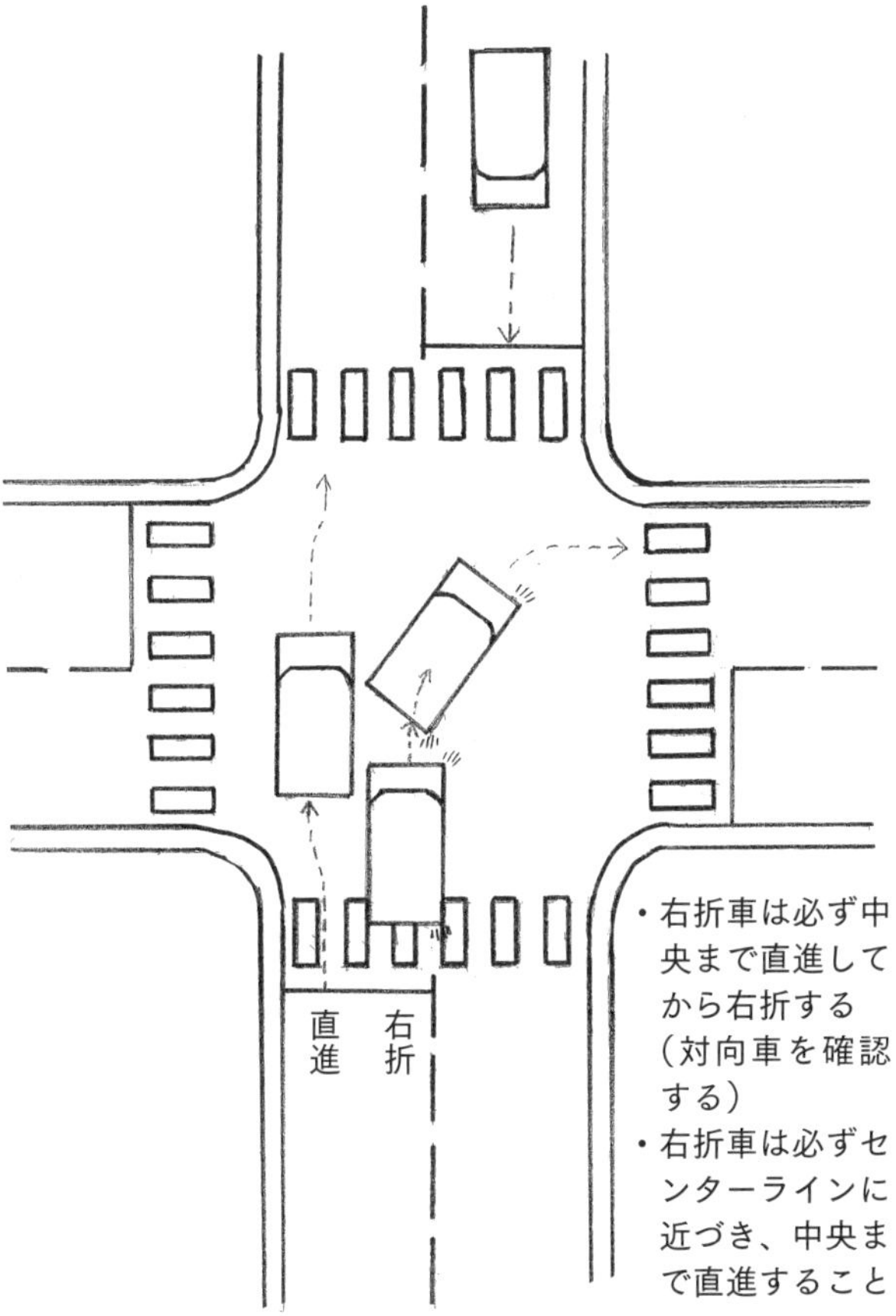

直進
右折
・右折車は必ず中央まで直進してから右折する（対向車を確認する）
・右折車は必ずセンターラインに近づき、中央まで直進すること

④対向車が信号を察知して速度を落としたので、私は安全確認をして右折完了。

この状況を想定した上で、私が朦朧状態だと想定します。

①私は右折しようと交差点に近づき、いつものように停車しました。交差道路右手には赤信号で数台の車が停車していました。

※しかし、特にセンターラインに寄ったわけではなく横断歩道の上に停車していました。前に車はいません。

②対向車が速度を落として停車したので、私は別に何も考えずにその位置から右手信号待ち車両の前をかすめるように右折完了。

※後続車数台のうち、一台目は㊕に続いて進み、信号が㊩の間にかろうじて右折し、二台目はすでに㊚に変わっていましたが突破して直進して行きました。三台目、四台目は残念ながら赤信号で進めず、信号待ちです。

※ちなみに私は「片手運転」で楽々完了。

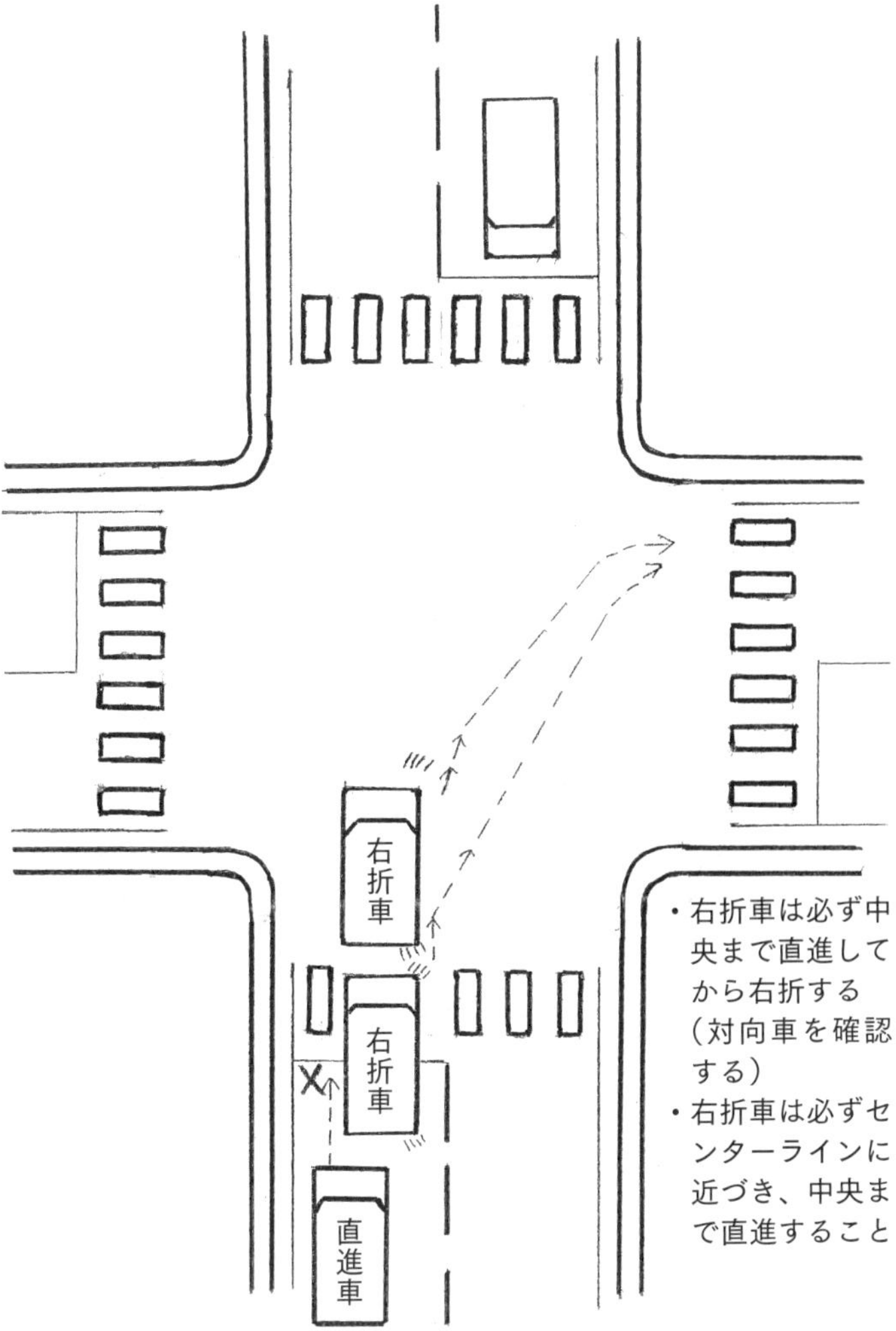
右折車
右折車
直進車
・右折車は必ず中央まで直進してから右折する（対向車を確認する）
・右折車は必ずセンターラインに近づき、中央まで直進することさて、この状況でなぜ朦朧状態なのか？　を検証し、そしてなぜ「左側通行のルール」を例に提起したのかを説明します。

先に左側通行の件を説明します。

ここで問題にしたのは、停車位置から片手ハンドルで円を描くようにショートカット状態で右折（近道）したことで、結果的に右側通行をするような「足跡」を残して右折したことを問題にしています。

この走行はとても危険な状態で、完全な誤った情報として身体に残る可能性のある行為なのです。

この状態が情報として残ると、カーブでショートカット（近道）をし、センターラインの内側を走る「癖」がついたり、交差点で中央まで進入せず、いつも「片手運転」でカーブを曲がる癖がついたりします。そうでなくても現在の自動車にはすべてと言っていいくらいパワーステアリングが標準装備されているので、ついつい「片手運転」をしてしまうほど、すでに情報として入っている人もいるのではないでしょうか。

そして、結果的に後続車輌や交差する道路右手信号待ち車輌に迷惑をかけてしまうのです。

この癖はこの程度の問題で終わるものではなく、最悪な事故は正面衝突という悲惨な結果になります。だから右折時は左側通行を意識することが大切です。右折は、道交法では「交差点の中心の直近の内側を徐行する」となっています。左側通行を意識することは矛盾しているように聞こえるかもしれませんが、道交法の「交差点の中心の直近の内側を徐行」は便宜上の措置です。むしろ特別だと理解した方が良いでしょう。交差点内の距離が長い場合は、交差点の中心を越えるまで直進し、反対側車線で右折した方が良いでしょう。しかし路面表示がある時は従ってください。

それでは、なぜ朦朧状態だったのか……を検証します。

①右折するのに横断歩道の上で停車してしまったのは、その交差点は普段右折車両が多いので、いつも停車している景色を覚えていて、停車したら横断歩道の上でした。本来なら一度停車したあと前を走る車が右折していて前の車はなかったので、速やかに中央まで進み待機して対向車が停車するのを確認後右折するべきでした。そうしていれば後続

車数台は直進できて渋滞も起こらなかったのです。

センターラインに寄らず、横断歩道上に停車したままで交差点中央まで進まなかったことは朦朧状態です。
②右折時にショートカット（直線的近道）したことは間違いです。中央に進まなかったからという理由も言い訳になります。常に片手運転をしていると、このようなショートカット（近道）をしてしまいます。とても危険な運転です。便宜上内回りをしようとしても、必ず中央までは直進してからハンドルを切り、大きく回って左側を通行するイメージを持つことが大切です。大きく回ることで周囲がよく見えます。小さく回ることにはメリットがありません。
人間は大昔、尻尾（しっぽ）があったと言います。動物も尻尾の先まで曲がってこそ方向転換完了なのです。かくれんぼでも頭だけ隠していてもダメ。お尻まで隠してこそ見つからないのです。
③後続車に私の運転で渋滞が起こっても「やむを得ない」のではなく、一台の右折車が気をつけて「操縦」していれば十台の車の渋滞を防げたかもしれないと考えるべきです。さらに、事故も防げたかもしれないと考えるべきなのです。

④今までの「経験」「最近の事故情報」「そのときのその付近の歩行者や通行車輌の動向」「その他、突発的な事態（携帯電話が鳴る）、等々」によって、頭でわかっていても身体が誤作動を起こしてしまうことだってあるのです。

くり返しますが、「ブレーキを踏まなくなった」「急ブレーキを踏んだことがないドライバーが増えた」という問題も、精神的、身体的な誤作動で終わらせるわけにはいきません。「ブレーキペダルを交差点で踏み続ける」問題も同様です。

ブレーキの性能も進化しており、「アンチロックブレーキシステム（ＡＢＳ）」も今やほとんどの自動車に装着されています。是非、自分の愛車も確認してください。装備されていれば作動したときの感覚を体験してください。体験しないとわかりません。雨に濡れた路面で、人通りがなく視界の良い場所で、時速十キロでも良いので体験してみてください。

駐車ブレーキも同様です。必ず装着されている装備ですから、使わなかったら違法です。もっともっと意識して使って！　そして、「右足を助けて」ください。今日から交差点で停車したら必ず使ってください（一一一ページ参考）。

交差点で停車したら……。

駐車ブレーキを操作し↓シフトレバーをⓃにして（できればⓅにした方が良い）↓右足をブレーキペダルから離す。

これは操縦ルーティーン（決まった過程）ですので、明日から早速実行してください。そして左足には「ストレッチ」をしてやってください。足首を上下に上げ下げするだけです。

お願いします。

「左折」の朦朧状態の説明

左折の朦朧状態は意外な場所で起こります。例えば……。

道路の左側の商店街に「コイン洗車場」があります。歩道があるので、そこに入場するには当然方向指示器をつけてスピードを下げ、歩道の手前で停車します。しかし、たまたまコイン洗車場が満車だったため、やむを得ず道路左端に停車しました。そこは片側二車線道路だったので左側車線を塞いでしまったのですが……すぐに入れると思い停車していたら、一分も経たないうちに十台以上の車輌が後ろに停車していました。

この状況を検証します。

これは朦朧状態です。重大事故が起こる可能性があります。

一、停車したあと、なぜハザードランプ（非常点滅灯）を点けないのでしょうか？

二、なぜ、ブレーキペダルを踏んだまま停車しているのでしょうか？

三、なぜ、十台もの車輌が後ろに数珠繋ぎになる前に気がつかないのでしょうか？
四、そもそも、道路上に長時間停車するのは違反です。

もし、停車して「満車」がわかった時点でもハザードランプを点けていれば、続いて停車した車輌はもっと少なかったと考えられます。おそらく、洗車場に入ると思わず並んだ車があったと思います。

そしてハザードランプを点けていたとすればⓅにシフトしてブレーキペダルから足を離していたと思います。これらの操作が理解できないドライバーはいないと思いますが、それができなかったり気づかないドライバーは朦朧状態です。

二車線道路で起きている朦朧運転

片側二車線道路は、一般的には中央寄り車線が「追越車線」と呼ばれてきました。

現状では走行中の台数も増えて追い越しできる状況は少ないのですが、やはり走行台数が少ないときは左側車線、つまり、走行車線を走ります。しかし制限速度内で走っても速い車、遅い車はあります。そしてスピードメーターの誤差もあります。この状態でいつもいつも追越車線（中央寄）を走っている自動車は「朦朧運転」です。

速度を気にしなかったり、「思い込み」で周囲が見えていない状態です。そのドライバーの前方に右折車がいると、左側を気にせずに車線を変更したりするものです。追越車線を走る方が飛び出しがない、自転車バイクがいないから安心できると思い込んでいると思います。すでに、それが間違った情報に支配されていると理解した方がいいでしょう。

つまり、二車線道路を走るのは一車線を走るよりはるかに注意が必要なのです。

操縦ルーティーン（決まった過程）〜朦朧運転を防ぐ操縦方法〜

〔出発時のルーティーン〕出発するときはゆっくり確実な点検（オートマチック車）

①自動車の外周を目視でチェックする
②運転席に座りシートベルトをして
③ブレーキペダルを踏み
④駐車ブレーキを確認する
⑤シフトレバーの位置、ⓅとⓃを確認する
⑥エンジンを始動する
⑦シフトレバーをⒹにシフトする
⑧ブレーキペダルを踏みながら駐車ブレーキを解除し
⑨方向指示器を作動させる
⑩前後、左右、後部の安全確認をして
⑪ブレーキペダルを離し

⑫車輌が動き出そうとする感覚を感じる（トルコン現象）
⑬アクセルを踏んでスタートする
※できればツーステップスタートをしてください（リスク回避のため）
※五十三ページ参照

〔走行中のルーティーン〕
①ハンドルはできるだけ両手で持つ
②車間距離は前方の車輌との間に二秒以上空ける（別項で説明します）
③センターラインの位置を確認する
④時折、両サイドミラーをチェックする
⑤時折、ルームミラーをチェックする
※左タイヤの位置をチェックする（別項で説明します）

〔停車時のルーティーン〕
①赤信号で停車

②停車したら信号が見えることを確認する
※停止ラインを忠実に守ったら信号が見えないこともあるので停車時に注意する
③停車後駐車ブレーキを操作する
④シフトレバーでⓃまたはⓅにシフトする
※できるだけⓅにした方が良いが、駐車ブレーキを確実に効かせばⓃでも良い
⑤ブレーキペダルから足を離す
⑥右足を休ませる
⑦右足のストレッチをする（足首を上下させる）
※膝から下を右、左に動かす運動は絶対しない
⑧左足のストレッチをする（右足と同様）
※サイレントクッションを薦めます
⑨気持ちを楽にして余裕を持つ
⑩信号待ち時間が長いときは、一度ブレーキペダルをググーッと力強く、止まるまで踏み込む
⑪サイドミラー、ルームミラーをチェック

⑫青でⒹレンジに入れてスタートする

※⑦⑧⑩は時間と気持ちに余裕がある時にしてください。

◆今すぐできる安全運転テクニック

一、停車しようとするときにA／TシフトレバーをⒹから②にシフトしてエンジンブレーキを使ってみる。

二、信号待ち停車時に車一台分くらいの長さの車間距離を取る。

三、信号待ち停車時はシフトレバーをⓃにして（できればⓅにして）停車することを操縦ルーティーンで紹介しましたが、次にスタートする直前に急ブレーキをかけるように強く踏む。

四、車間距離を二の要領で車一台分くらいの長さに取ったときは青信号でツーステップスタートをしてみる。

まずⒹにシフトしてアクセルを踏まずにブレーキペダルを離してみる。一呼吸して次にアクセルペダルをワンプッシュする感覚で一度軽く踏んですぐ離してみる。

※一度目のスタートはブレーキペダルから足を離しただけで動き出す「トルコン現象スタート」を体感します。

簡単な操作ですのでぜひ試してみてください。

◆その安全テクニックの効果は？

一、エンジンブレーキが必要なときに当然の操作として使えるようになる。長い下り坂、冬の雪道や凍結している道路では必要。

※四輪駆動車は雪道に強いのですが、それは峠を上るときです。下り坂でブレーキを踏んでしまって、タイヤがロックして滑り出すと重い「鉄の塊」になり重大事故につながります。

二、車間距離そのものは直接効果を感じることはほとんどないのですが、やってみると効果を感じます。一番は不思議と安心感を覚えます。

三、ブレーキペダルを足で感じる。足に覚えさせる。感覚でブレーキペダルを感じる。そして急ブレーキを踏む練習になる。

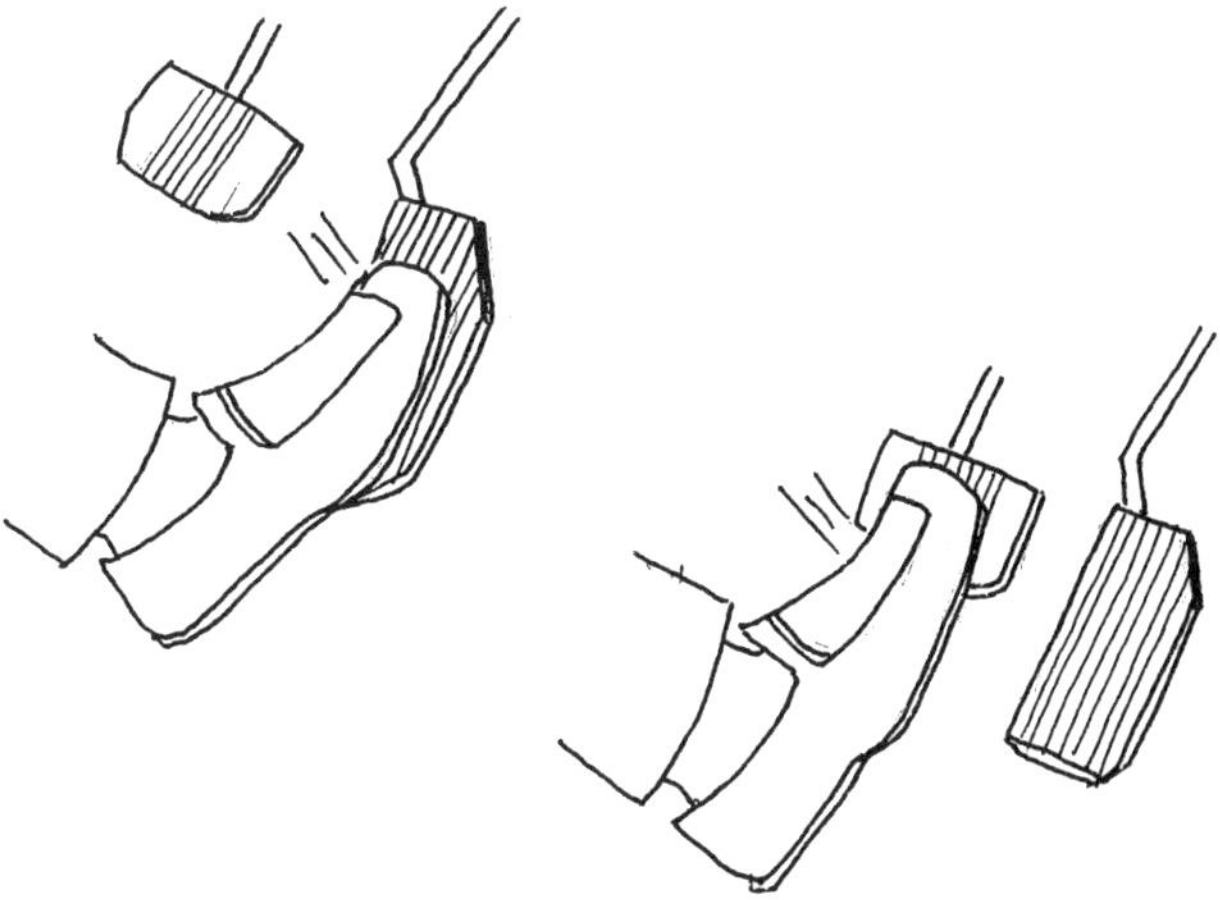

四、車を動かせる方法が一つでないと知る。そしてアクセルペダルを感じることができる。雪道やぬかるみなど滑りやすい道路で役立つことは多い。

もし駐車ブレーキが十分に作動しているか心配なときは、自分でチェックできます。方法は次のとおりです。

・駐車ブレーキを操作してエンジンを始動。
・シフトレバーをⒹにシフト。
・アクセルペダルを一回だけわずかに踏み込んで（一瞬）すぐ戻す。
・このとき、車が動こうとして動かないことがわかったらＯＫです。

ちょっと余談ですが……②

原子力発電所はすばらしいプラントです。しかし、事故が発生すると……人間がどう立ち向かっても「終息」させられないでいます。

コントロールできないプラントはコントロールできるまで使うべきでないと思います。

自動車が凶器となり暴走する事故は正しいルーティーンと操縦のキーワードで防げます。

集中して、安全テクニックを身に付けて忘れさせない運動テクニックで操縦すれば、楽しいスマートなドライブが楽しめます。

ちょっと意外な事故防止に役立つルーティーンの紹介

それは後退時の操作です。

〔後退時のルーティーン〕

①後方を確認する

②ブレーキを踏みⓇにシフトする

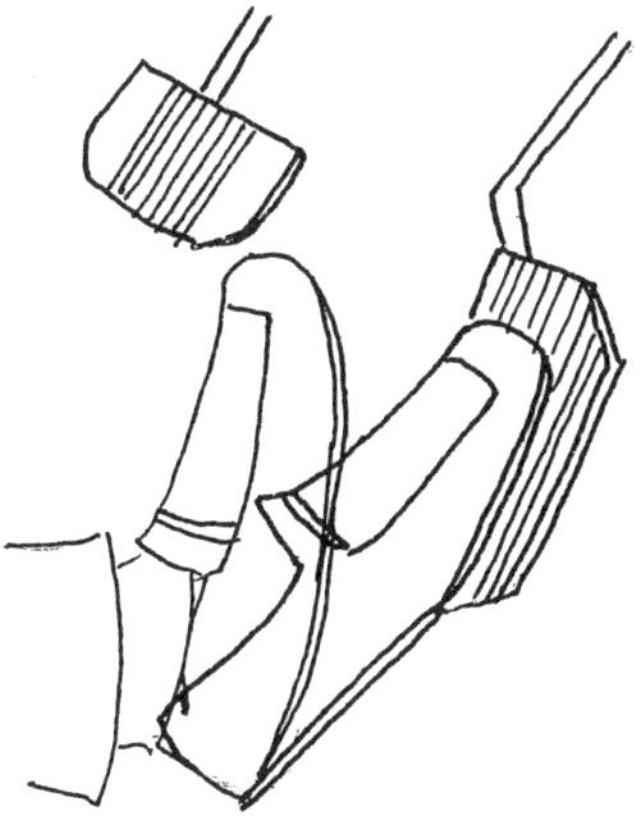

③「ハザードランプ」を点灯させる

④駐車ブレーキを解除する

⑤ブレーキを離しアクセルを踏まず後退する力の感覚を確認する

⑥周囲の安全を確認しながらツーステップスタートで後退する

何事も、始めるときは「慌てず」「焦らず」「ゆつくり」と「確認」してください。

「一つ一つ」で良いのです。

⑦後退が終わったらハザードランプをオフ

⑧駐車ブレーキ、シフトレバーを操作する

◆**ハザードランプ使用時の注意**

ハザードランプを使い慣れていないと「消し忘れ」が起こります。車内では方向指示器と同じ音がしているため「右に行く」つもりでもハザードランプを消し忘れて両方のウィンカーで右折してしまいます。注意してください。

早く使い慣れてください。

ちょっと余談ですが……③

私の知人がある日、「僕は仕事で忙しいとき、車で帰る途中、信号待ちをしている間に寝てしまい、気がついたら前の車にぶつかっていたんです」と話し始めたのです。

「えっ、どういうこと？」と、思わず詳しく話を聞いてみました。

知人の話によると、交差点に差しかかり㊛信号になったのでブレーキを踏んで停車したが、いつものようにⒹレンジにシフト状態のまま急に眠気が襲い、眠ってしまったというのです。そのため、ブレーキペダルを踏んでいた脚の力が抜けて前に動き出し、ドンと当たった瞬間に目が覚めたと言います。「そんな事故が現実に起こるのですね！」とびっくりしました。

私は信号待ちのルーティーンを詳しく説明して、「でもそのまま本当に寝てしまったら後続車にクラクションを激しく鳴らされますよ（笑）。注意してください」と言って別れました。

数カ月後、知人は、

「言われたとおりルーティーンをメモしてサンバイザーに貼っているんです。そして一つ一つ確実に操作しています。今は自然にできるようになりましたよ」

そう言って笑いながら、さらに続けました。

「そうして運転していると……何て言うか……適度の緊張感の中で一つ一つ飲み込みながら真面目に運転しているんですよ、笑えてきますよね」

そしてさらに、

「走っているときも周りが気になって、今まで以上に注意するようになって……この頃、睡魔に襲われないんですよ!」

と言って報告してくれました。

自動車運転手を惑わせる「路面標示」

気になる道路標示に標識の一種、「路面標示」があります。「センターライン」「歩道区分表示」「自転車専用レーン」等々ですが、右折車の停車位置を示す「横線」が最近、交差点の中央に程遠い、ずいぶん手前に標示されていることがあります。

右折信号があるときは、㊔に変わるまでは右折できませんが、㊔になって右折するときは、ショートカット（近道）せず中央まで進んでから右折するようにします。

ベテランドライバーの自覚

誰でも平等に年齢を重ねます。体力も低下します。機能も低下します。ですからインターネットや早口の自動案内など理解できないことがいっぱいあります。

しかし、「それを受け入れて」「運転を操縦と捉え」「一つ一つを確実に」「毎日決まった作業を手順どおり」くり返し続けることがベテランドライバーとしての姿だと思うのです。そうして自動車を操縦することで自分の可能範囲に気づき、限界に気づくことに繋がると信じています。「上品」な人は自分の限界も早く気づけたらさらにカッコいいじゃないですか。

ベテランである人ほど、プライドがあって当然です。「限界」を「自分自身」が決めて当然だと思いますし、決めるべきだと思います。

耳寄りな話③　こんなときに御用心！

◆広い通りに出るとき、左右を確認します。そのとき、「一旦停止」にもかかわらず、ゆっくり進みながら左右をキョロキョロとせわしなく首を振って確認しようとすると、今見ている景色と残像が重なり、正しい確認ができません。必ず停まって左右を確実に確認してください。

◆渋滞時、車間距離が短いときは特にアクセルペダルとブレーキペダルを右足先が行き来します。この動作は右足が頻繁に行き来すればするほど、朦朧状態に近づきます。絶対にやめてください。

「ゆっくり」のすすめ

令和の時代、しっかりとした意識を持って自分自身の身体に言い聞かせ、そして精神と身体を調和させる時代です。早く、急ぐは必要ないのです。わからなかったら聞き返します。早くできなかったらゆっくりすればいいじゃないですか。バタバタ焦って仮に早くできたとしても、余裕のないベテランはみすぼらしいと思います。

身体が勝手に動きだしても駄目です。うつろであやふやな考え方など似合うわけがないのです。何事もゆっくりゆっくり何度でもくり返し確実に間違えずに始めることがカッコいいのです。危険を感じたら今すぐやめましょう。ブレーキを踏みましょう。

ウォーク・ドント・ランです。〝急がばまわれ〟でいきましょう。

走行時、左側のタイヤの位置、わかりますか？

わかっているようで、わかってないドライバーがとっても多いことにビックリします。道路の左端に「電柱」が立っています。対向車が来たら不安です。恐る恐る通過して、真横に電柱を見たとき、車輌を止めて車との間の「隙間」を見たら五十センチくらい空いていました。

このように、全く把握ができていないのです。

この状況で無理に通過しなくても待っていたらいい……と自分に言い聞かせて電柱の手前で、対向車が通り過ぎるのを待機することとします。

しかしもし対向車が道を譲ってくれたとき、あなたは不安が焦りとなり、予期しないリスクが発生します。

このように朦朧状態になる原因を自ら作ってしまうことになります。

〔走行時に左側タイヤの位置を知る方法〕

実は、とっても簡単です。
そして、いつでもどこでも練習できます。

①ダッシュボードの上に小さな「マスコット」を置きます。位置は中央です。テープなどで固定してください。

※マスコットのかわりにテープでラインを入れても良いと思います。目印ですから。

②通行量の少ない道路があれば、その道路の左側に車線区分の白線が標示されているので、走行しながらマスコットとラインが一直線上に見える位置で停車します。

③そのとき、左タイヤの位置を確認します。

④何度もくり返し、自分の誤差を決めます。

これだけです。

これであなたは「余裕」を持って「笑顔」で運転できます。マスコットとラインを合わせて走る練習をしているときは操縦している感覚を持っていると思います。

自分で危険予知をすることは大きな意味を持ちます。

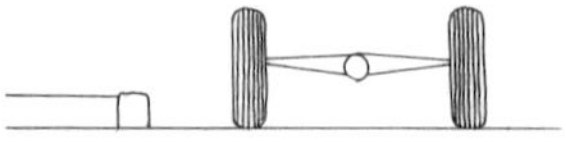

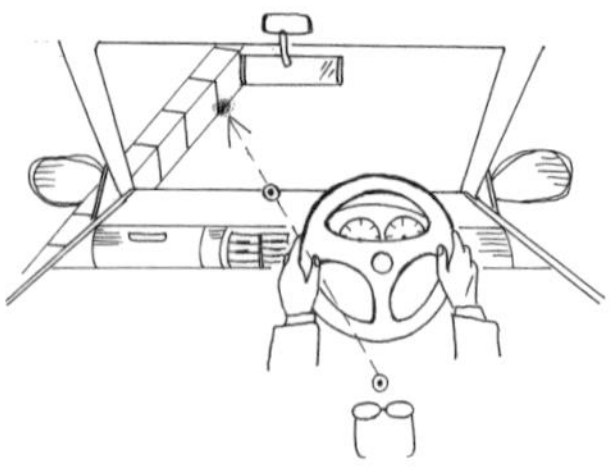

たかがラベル、されどラベル!!

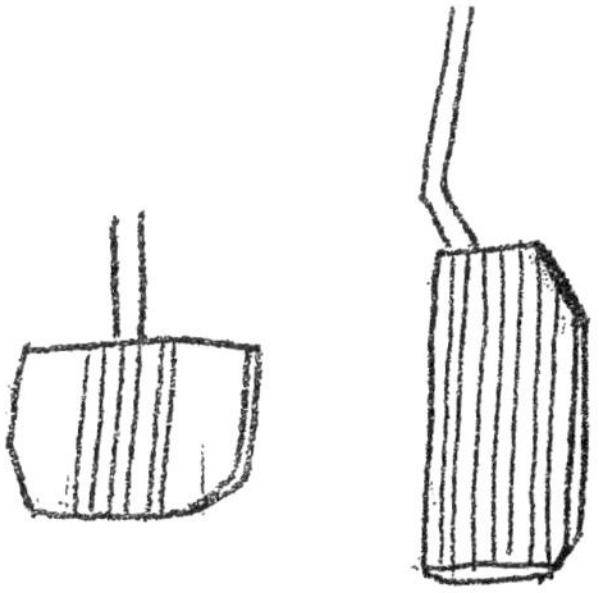

アクセルペダル　ブレーキペダル

そして、可能なら、手作りの「ラベル」を「サンバイザー」に二枚貼ってほしいのです。ラベルがあなたの身体に誤作動を起こそうとする情報をシャットアウトしてくれます。手作りが良いのです。

今さら？　と思うかもしれませんが、ブレーキペダルとアクセルペダルの位置を目で見て再確認するのです。そして同時に何かが飛び出してくる危険を想定して、迷わず急ブレーキをかける行為を想像してください。

一枚はアクセルペダル。

もう一枚は「ブレーキ」です。

知らず知らずの威嚇運転!!

一、右折時、先にウインカー（方向指示器）を出さずに進行方向を変える行為。

これは非常にわかりにくいので、気づかずやってしまう場合も多いかもしれません。なぜかと言うと、右折をする交差点に近づくときからの体勢に注意しなければならないからです。

右折レーンがあればまずそのレーンに進入するので、自動的にセンターライン寄りに進入していきます。しかし専用レーンがないときは自分の意思でセンターライン寄りを走行しなければなりません。

もし直進車と同じように右折を気にしないで道路の中央を走って来た場合、交差点に進入する段階でハンドルを右に回すので、車体がどうしても斜めになります。しかも斜めになることで運転席から対向車が見えづらいので、どうしても身を乗り出すか対向車線に自分の車体の前方を張り出す傾向になります。ドライバー仲間で使われる「頭から突っ込んでくる」という体勢になってしまうのです。

右折車ドライバーは対向車や交差する右手横断歩道の歩行者に対して、威嚇どころか一つ間違うと怪我をさせる事故を起こしかねません。

大型バスや大型トラックでなくても、高級大型乗用車やワンボックス車など比較的大きいセダンになると、後続車の直進をさまたげることになります。

もう一つ大きな問題は、すでに車体が進行方向に向いているので、どうしてもその位置からのショートカット（近道）右折をしてしまうことです。

まるで獲物を見つけて捕獲するために向かっていく動物と同じ行動と言っていいでしょう。

次に左折時の場合ですが……最近になって以前よりさらに注意が必要になりました。自転車レーンが作られ、自転車の左側通行がルール化されたため、自転車レーンのない場所ででも左側を走る自転車が増えました。左折のときは早めのウインカーを出すことが求められます。ウインカーを出さず、後方確認をしないで左折することは重大事故につながります。交差点はもちろんですが、交差点に差しかかるときに十分な左後方の確認が求められます。そして歩行者の横断も他のことと同様、安全確認が必要です。

しかし、なぜこのような状況になったのでしょうか。それは道路が広くなったこと、そして横断歩道の幅を広くして自転車通行帯を設けたことによります。さらには横断歩道の手前に停止線を設けるので、交差点全体の面積が広がったことが考えられます。知らず知らずに道路幅を気にしないで回れるようになりました。便利は不便の始まり……を絵に描いたような話です。

自動車の構造を今一度考えていただきたいのです。

・前輪二輪をハンドルで動かします。そして進行方向を決めます。
・後輪はその方向について行くので前輪より内側を通過します。
・また後輪の後ろ（オーバーハング）にも、まだ車体が出ているので、車体は回転すると後輪より外側を通過します。
・必要な道路の幅は後輪の外側の車体が通過できるだけの車幅が必要です。
・直進状態に早く戻るためには最短距離で進入しようとせず、できるだけ大きく回らないとんでもない面積を使うので迷惑をかけることになります。

獲物を目がけて進入すると、

・歩行者を巻き込むことがあります。
・右折時は信号待ちの右手交差道路で停車中の車に接触することがあります。
・進入先の確認が遅れるので後退の必要性が発生し、面倒なことになります。

〔人間に尻尾があったら……〕

尻尾があれば……尻尾まで回ってこそ完了なわけですから、必然的に本能的に大きく回るはずです。想像するだけでも頭に情報が蓄積されて役に立ちます。

交差する道路の先頭で信号待ちをしていたとき、右折車のドライバーが全く誤りに気づかず自分の前をショートカット（近道）で通り過ぎかけた所で停止したので、接触されそうになり、少し後退してやったという経験などないですか？ これはすでに身体的朦朧状態と理解するべきです。

二、歩道のある、前方を左右に走る広い道路に出ようとするときや、歩道をまたいで進入するときに歩道の手前で停車しようとしない行為。

これは、歩道があるのに前方を左右に行き交う広い道路や通行量が気になり、その手前の歩道を歩く人が突然飛び出したと錯覚するほど、発見が遅れて人身事故になりかねない重大事例になります。

そもそも横断歩道の手前には危険予知マーク「◇」があり、停止線もあるのに止まろうとしないことが大問題です。目で見て表示が分かっていても徐行すらしないのは、朦朧状態（身体的）です。

ちょっと余談ですが……④

外国人観光客が日本に来てびっくりすることの一つに、横断歩道を渡っているときに、その前や後ろを横切る車が多いことだそうです。そして信号のない道路を渡ろうと待っていても、停まってくれる車は期待できないと呆れるらしいです。残念なこと

です。
東京オリンピックで人身事故が起こらないことを祈ります。
大阪府警の「ハンドサイン運動」、埼玉県警の「きらめきトリプルH運動」（①早めのライト点灯　②反射材の着用　③歩行者保護）など、歩行者を優先する運動に私たちも協力しなければいけないと思います。

足を使って操縦してみよう。見える景色が変わるはず

人間には足と手があり、足の大きな役割は「歩くこと」「走ること」です。

自動車を操縦するときは「走ること」「停まること」担当として、とても重要な役割を任されているのは右足です。言ってみれば人間としての移動、とりわけ自動車を操縦するときは、間違いなく右足に頼らざるを得ません。

気分転換をさせてやる時間もありません。どうすれば気分転換させてやれるのかと数年前から気になっていて、一つの実験を始めようと思いました。

それは自転車やオートバイに乗ってみることでした。

すると、思い込みや癖が洗い落とされるような感覚が身体の中を流れました。

自転車で走り出すと、前を歩く人は音が聞こえないのか気づいてくれません。突然立ち止まったりジグザグに歩いたりします。そんなときに、停車するために手を使ってブレーキを操作しなければなりません。

オートバイに乗ると、もっと神経を使います。私のオートバイはミッション操作が必要

だったので、停車するときは両足両手を目一杯使う必要がありました。私自身忘れかけていた停まるための緊張感を改めて感じました。

そして私は自転車で通勤することにしました。

ちなみに自転車に乗る人は自動車事故を起こす確率が低いという統計があると聞いています。

アメリカで感じたドライバーの安全意識

一九九五年頃から私は、仕事柄アメリカ出張が多くなり、現地ではどうしても自動車先進国の事情についついつい興味を持ってしまいます。仕事先ではいろいろ調べたり話を聞いたりしたものです。そんな中から参考にしたい内容をお伝えします。

一、交差点に信号機が少ない！

初めてロサンジェルスに行ったとき、本来交差点には必ず「ある」と思っていた信号機がないのです。すべての交差点にないわけではないのですが……信号機のない交差点が多いのです。通行量が少ないわけでもないみたいだし、歩行者がいないわけでもないのですが……。町の人に聞くと、

「この程度の通行量だと付けてくれないよ（笑）」

と両手を広げて言われました。

その交差点をしばらく見ていると……それぞれの自動車のドライバーが手や目で合図を

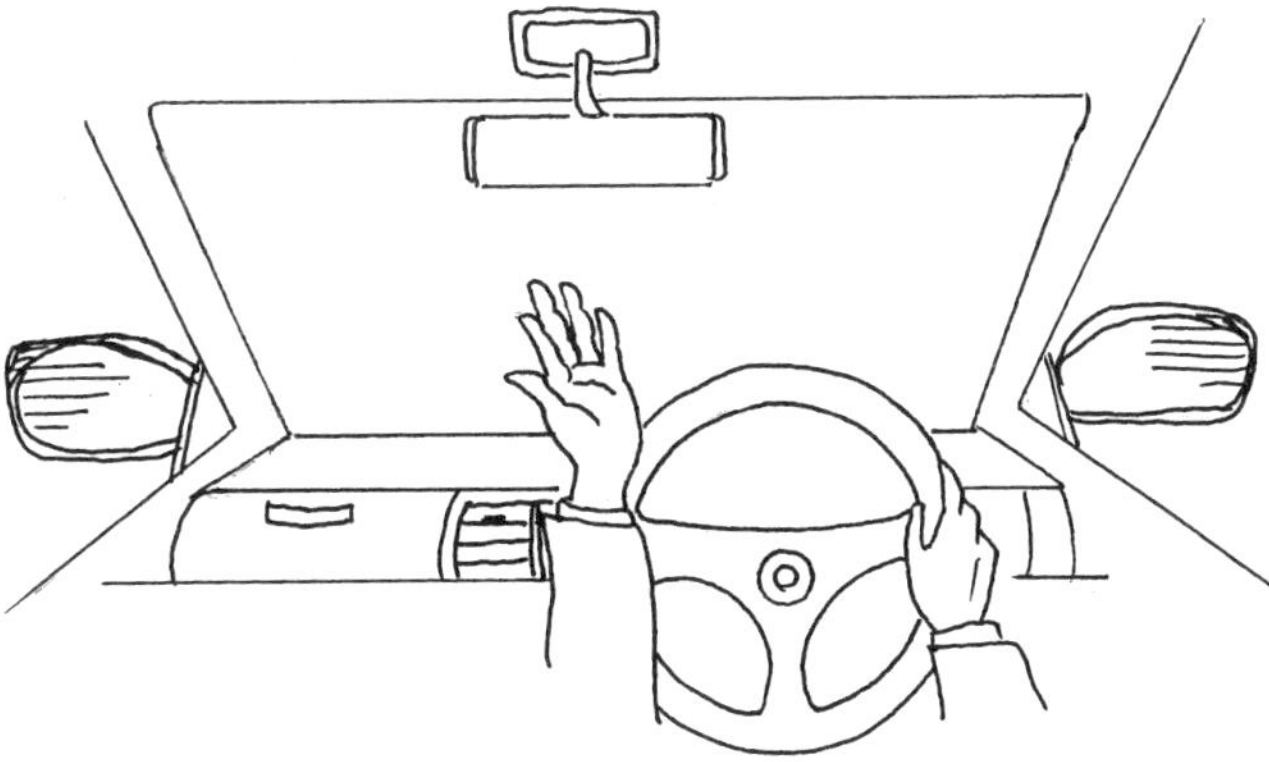

しながら「交互」に「順番」に通過して行くのです。
ルールがあるとすれば、
○必ず一旦停止をする
○先に交差点で停止した車が先に通過する
○歩行者は絶対優先！
これくらいです。そして、
◎「お先にどうぞ！」と、手の平を上に向ける
◎その結果「ありがとう」と手を上げる
◎笑顔を絶やさない
「会話はないけれどコミュニケーションが成り立っているのだ」と言われました。

二、一旦停止

日本で一旦停止の標識があっても、ちゃんと停止しない人も多く見られます（かなりの人は一旦止ま

っていると思いますが)。「ゆっくり動きながら」「忙しく左右確認のために首を振りながら」通過することが多いと思います。

国柄、都市柄、土地柄、と言ってしまえばそれまでですが、視点を変えて説明するとよくわかります。

キーワードは「危険予知」と「停止」です。「あぶない場所だから停まりなさい」と言っているのだから、「ブレーキペダルを踏んで車を停めなさい!」と命令されているのです。だからアメリカでは皆が停止します。「周囲の建物が遮って人や車が見えない! だから見えるように前に出て行く」と「言い訳」をするのは日本だけです。

何よりも問題なのは、確実に停車しないためブレーキを踏んでいる感覚がつま先にも頭の中にもないのです。

一度、確実に停止して、そして安全を確認しながらゆっくりとスタートするべきなのです。

停まらないから、ブレーキを踏んでいるのに踏んでいる意識が身につかないのです。確かにアメリカは道も広いのかもしれないのですが、考え方が根本的に違います。「停止」

は「必ず停止する」という意味です。停止した上で見えなかったら少し前に出て行けば良いという意味を、すでに何十年も前から理解しているのです。

同時に、人間は平等なのだから上下関係はないという考え方から「威嚇」してはならないという考え方となり、弱い人を守ることになるのです。

ではなぜ「威嚇」されていると感じるのでしょうか。それは先ほど言った速度に原因があります。停止する直前のスピードと一時停止してから走り出すときの速度の違いです。ドライバーには同じくらいに感じる速度が、実際は全く違うからなのです。

自動車先進国は考え方も先進国なのです。今でも脇道から大通りに出るとき、その手前の歩道の手前で一時停止しないドライバーが多いのは残念です。ブレーキを意識して歩道の手前で確実に一時停止をしたいものです。それが「操縦」です。

◆私の失敗談　～私も朦朧運転をしました～

私の失敗が安全運転に対して誰かへの、そして何かのヒントになれば、何か役に立てば……そんな思いでお話しします。

アメリカで運転するようになった頃は、ハンドルを握るといつも「右側通行、右側通行」と呪文のように唱えながら運転したものです。

三年が過ぎた頃のある日、空港に着いた私は、レンタカーの運転席に座ったとたんパァーッと目の前が明るく感じて、自分が自分でないように、何かに導かれたように、FMを聞きながら運転できるようになりました。突然のことでした。その日を境に運転の不安は全くなくなりました。

そしてさらに二年が過ぎた頃、ロサンゼルス郊外トーランスのホテルからラグナビーチにドライブしようと車を走らせたときのことです。

その日は日曜日です。このあたりは商業地域で、平日以外は車も人も少なく、天気も良く、最高の朝でした。

ホテルを出て東に向かい、次の交差点を左折しようと対向車が通り過ぎるのを待って進行方向を見たら、一台も車がないので気分も良くなり、何の疑問も感じないでハンドルを回しながら加速し始めたとき、後ろからクラクションを二、三度鳴らされました。

びっくりして、とにかく停まりました。クラクションを鳴らした車は、何やら手で合図をしながら走り去りました。

私は、と言えば……とても長い時間を感じていて、ほどなくして逆走していたことがわかり、右側道路脇に移動しました。

事故にならなくて良かったぁ～!!　と思いながらも、しばらく動けませんでした。

私は体調も良く、異常なことは何一つなく、交差点で対向車が通り過ぎるのを待ってハンドルを回した瞬間に、身体だけが日本に先に帰ってしまっていたのです。そして身体だけが日本の道路を走っていたことを思い出していたのです。左側を走る癖が出てしまったのです。

そして私は朦朧運転になりました。

その日の夜、ホテルに戻った私は、何故逆走をしてしまったのか原因を見つけたくて何度もその日の行動を思い返してみました。

そうしたら見つけたのです。私は気分上々で運転して交差点にさしかかり、左折するために中央で対向車が通り過ぎるのを待っていた時、進行方向の道路を何気なく確認しました。そうすると右、左のどちらの車線にも一台の車も見当たらず、爽快な気分になったのを思い出しました。走ってはならない左側車線には、いつも信号待ちをする車が停車していたと思います。しかしその日はどちらの車線にも車がなかったので、視覚が朦朧状態になったと思います。一台もなかったのですぐに気づかずに走ってしまったのだとわかりました。

自信を持って走っていても、目から入った情報が少し違ったことで起こる操作だと思います。

「四輪駆動車」と「電気自動車、ハイブリッド車」の交通事故の意外な「共通点」とは

この二つのカテゴリーの自動車に共通するワードは「車輛重量の重さ」です。

四輪駆動車はオフロードや雪道に強く滑りにくく、事故も起こりにくいと一時ブームになるほど爆発的に売れました。しかし、四輪駆動と言う構造から部品点数が大幅に増えるのは事実ですので重くなります。

電気自動車もハイブリッド車（ＰＨＶ）も蓄電池を大量に積む関係で重くなります。

これらの自動車、つまり重量が重い自動車が交通事故を起こすと破壊力も当然大きくなるので、重大事故になる可能性が高いわけです。

事実、四輪駆動車の事故は無惨な事故が多かったことが話題になりました。メーカーはそう言った事故に対応すべく装備も充実させていると思いますが、昨今の重大事故では操作する人間に問題があるわけですので、朦朧運転になり事故になると、やはり重量が原因で重大事故になる場合が多いのです。

この観点からしても「正しいルーティーン」の実行と「操縦」する意識で、自動車運転にすべての人が真剣に取り組む時期にきていると思います。

ちょっと余談ですが……⑤

進化の裏で大きな犠牲もあります。

自転車からオートバイの時代に変わったときは、多くの若者が亡くなったと言われています。

四輪駆動車が売れたときは、重大事故が増えました。電気自動車が売れ出しても、同じように重大事故が増えつつあります。

車は楽しくて必要なものですが、使い方を間違うと重大事故につながるのは今も昔も変わりません。自分自身、どれだけ安全運転に対して取り組めるかが重要だと思います。

夜間走行で操縦に戻れ！

夜間走行中、交差点に差しかかったとき、信号が㊑になって停車します。そのとき、皆さんはヘッドライトを点灯させたまま停車しますか？　私はヘッドライトを消し、パーキングライト（スモールライト）に落として停車するように心がけています。理由はイライラしてストレスをためたくないからですが、わかりにくいので説明します。

信号待ちを思い浮かべてください。

対向車がこちらに向かってヘッドライトを点灯したまま停車していたら、まぶしくないですか？　消してほしいと思ったことはないですか？　ハイビーム（上向き）にしたままじゃないのか？　と思ったことはないですか？　私がそう感じたとき、自分も同じことをしたら相手も同じことを感じると思うからヘッドライトを消します。

ではなぜ、ヘッドライトを下向きにしていてもまぶしいのでしょうか？

それは交差点の地形に原因があります。必ずしもと言うわけではありませんが、交差点は水はけを考えて少し盛り上がっています（道路も若干中央が盛り上がっていて、かまぼこ状に作ってあるのも水はけを考えてあると聞きます)。つまり停車したとき、若干、前輪が後輪より高くなり、結果的にわずか上向きにライトを照らすことになります。しかも最近の自動車のヘッドライトにはＬＥＤライトやプロジェクターランプと言った製品が増えて、以前よりまぶしく感じることが多いのも原因です。

それはともかくとして、地形が原因であることが多いので単純に消した方が一番わかりやすいし、そうすることが「操縦」という考え方に合っているように思えます。とりあえず難しい理由よりもわかりやすく対応する方がストレスをためなくて良いと思います。イライラしないためにもお薦めしたい操作です。

バスや運送業のドライバー、そしてタクシードライバーから率先してほしいです。

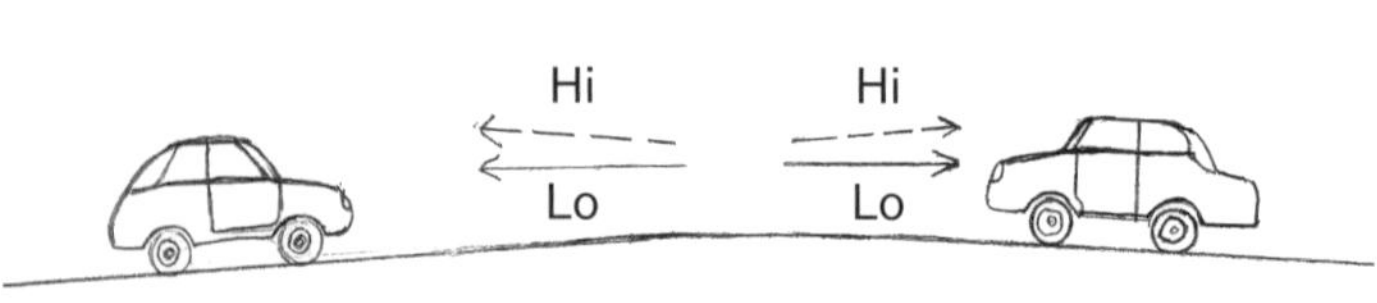

運転者が歩行者にする動作、してはならない怪しげな「巷《ちまた》」のルール

一、ドライバーが歩行者に「お先にどうぞ」と合図をするとき、手を前に出して手の平を立てて「小刻み」に振る様子をよく見ます。

それを見て歩行者は何もリアクションをせずに前を向いて歩きだす。乾燥した愛想のないシチュエーション、ときどき見かける光景です。

私はアメリカで見たドライバーと歩行者の関係を思い出し、とても違和感を覚えます。「どうぞ！」と先を譲る動作はまず「笑顔で」手の平を見せるように差し出し、指先をやや下に向けるように私はします。

この動作は自動車運転以外でも、例えばコンビニに入るとき、たまたま同時に入店しようとしている方に会えばドアを開けて「どうぞ」と「手の平」をやや上に向ければちょっと上品に見えたり、エレベーターが来てドアが開けば同じように「手の平」を見せ、もう片方の手で「開」のボタンを押せば完璧対応の紳士です。そしてさらに「アフター・ユー」なんて言えたら最高ですね。

　また、自動車同士が出会って先を譲るときも同じです。そのときは譲ってもらった人は「手を上げる」なりの「返事」をした方が良いでしょう。「軽く頭を下げる」のも日本では効果的です。

二、自動車を運転中「対向車」と出会うときは、自分の走行している位置をいつも「把握」していることがとても大切です。つまり、左タイヤの位置です。前述にもあるように「電柱等」が立っているからといって必要以上にその「陰」に隠れるような避け方はしないでください。

　そして自分が道を譲っても、あるいは譲られても「軽く」「会釈」するのが最も効果的ですが、「手の平を見せて手を上げる」等々、コミュニケーションが取れたら心配するようなストレスはたまりません。

三、やめた方が良い動作と巷のルール　※ハザードランプの使い方

　最近見かける行動の中に「ハザードランプでお礼の意を示す」と言った動作があります。割り込みを許してくれたドライバーに対しランプを二、三度点滅させて知らせる行動です。

これは単純に私が「やめなさい」と言う立場ではないのですが、誤解を招く恐れがあってストレスをなくす行動が逆効果になる心配があるので意見します。

それはどう言うことかと言うと、「先に点滅操作をして割り込んで来る」という行動です。「先に頭を下げてお願いしているからいいでしょ」と言わんばかりの行動かと思えてしまうからです。

当事者でない私がとやかく言う話ではないのですが、ストレスになることを心配します。本来、車間距離を皆が確保していればこんな問題も起こることはないので、車間距離の重要性も理解する良い機会かもしれません。

参考に、ハザードランプで挨拶や合図をする行動に対する歴史を説明します。

四、ハザードランプやウインカーで合図をする行動の歴史

それは一九八〇年頃から、特に深夜に走る大型トラックドライバーの間で流行だったCB無線（パーソナル無線）、そしてアマチュア無線で会話を楽しむ中でいろいろな情報交換があって、その中で「イネムリ」「脇見」に対する「危険予知」の観点、さらには「重量物運搬時の速度低下」によって起こる「車線変更」の対応動作のために始めたという話

を聞いたことがあります。

大型トラックのハザードランプスイッチは早くからハンドル付近に装備されていて、ハンドルから手を離さなくても操作できるメリットがありました。

例えば高速道路の走行車線を走っていたとき、車線変更をして追い越し車線に出たら、同じように自分の前方のトラックも追い越し車線に出ようと右のウインカーを点灯しました。自分は「右のウインカーを点灯」して「どうぞ」と合図を送ります。そして前方のトラックは自分の前に車線変更して来ました。そのとき、前方のトラックは「ありがとう」とハザードランプを点灯させて返事をしました。

このようなコミュニケーションを取って安全運転に役立てていました。この使い方が今ではすべてのドライバーの間で利用されていると思いますが、注意しないといけないのは大型トラック以外では手元にハザードランプのスイッチがない自動車が多いこともあり、ハザードランプのスイッチを探していて「ヨソ見」して事故が起こる可能性も十分考えられるということです。これには注意していただきたいと思います。

そして割り込みたいときは「威嚇」をするように鼻先を割り込ませようとしないで、渋滞の列に並行に並んで「右ウインカーを点灯」して待機してください。必ず気持ち良く「右点灯」で合図してくれる「紳士」が現れますから。

コミュニケーションがどれだけ大切なことなのかを、今の時代だからこそ知る意味はとても大きいと思います。あおり運転もコミュニケーション不足が原因かもしれません。

ヨーロッパで見た驚きの光景とは……

三十年ほど前、ドイツのエッセンやデュッセルドルフでの光景です。

ものすごい量の自動車の走る大通りの交差点が赤信号になり多くの自動車が停車し、そして、交差する道路の自動車が動き出すまでのわずか数秒の間、一瞬ですが自動車のエンジンが止まり、エンジン音が消え、気持ち悪いくらい不気味な瞬間があったことを覚えています。当時から「排気ガス公害」に敏感だったヨーロッパの国々は、エンジンストップを一般市民が実行していたのです。

当時、ヨーロッパでアイドルストップといった装備があったとは思えないので、今思えばエンジンキーをドライバーがオン／オフしていたとすれば……それにもびっくりします。

日本人は「言い訳が得意」な国民なのかもしれません。もうそろそろ私たち日本人も自動車の「上品」な「操縦」にチャレンジすべきだと思います。

○停車するときはすばやく「ブレーキを踏む」。そして「止まる」。

○発車するときは「ゆっくり」「一つ一つ」確認して、「一呼吸置いて」発車する。
※何かを始めるときにも応用できます。

そして、これらに注意した上で「笑顔で」「余裕を持って」「上品な自動車の操縦」をすることが「朦朧運転」をなくし、「明朗運転」をすることに意外ですが繋がると思います。


もう一つお話しします。

イタリア、フィレンツェに初めて行きました。道路も狭く石だたみでした。びっくりしたのは歩行者が多いのと一方通行が多いことでした。自動車は歩行者の中を一緒に歩いているような何とも不思議な状況で……私はレンタカーに乗り、しかもマニュアル四速フロアミッション左ハンドル、右側通行と言う、全く初めての世界に一人放り出された感じで……もうそれはパニック状態でした。

しかし三日間ほど経過してわかったことに注目して、自分もマネて楽しくなりました。

初めてのフィレンツェで私が運転できたのは「車間距離」のマジックとでも言うか、走り方のヒントでした。

信号を守らない歩行者、そして狭い道路、ブレーキの効きそうにない石だたみの道路。そこで気づいたのは今までより長い車間距離でした。日本では高速道路でも一般道でも、信号待ちでも、割り込まれたくないかの如くピタリとくっついて「走ったり」「停車したり」こんな状況が当たり前です。その違いに気づいたのです。確かに歩行者が自分の前を横切るのですが、それは車間距離を保っている車を見極めて横切っているのです。そんな女性たちは横断しながら私の方を見て、キラキラ手振りをしてさっそうと通り過ぎていきます。

こんなことを思い出しながら最近思いました。「前を走る車の右折や左折」「突然起こる渋滞」は、車間距離を今まで以上に確保することで防げるのではないか、イライラも減らせるのではないかと思うのです。そうすれば「二七一走り」「松本走り」と言った全国の交通量の多い道路で有効なはずですから。

ストレスがなければ朦朧運転も減ります。

フィレンツエを出発した私はその後、ピサに向かい「ピサの斜塔」を見学しました。

そして、おかげでイタリアに慣れてきてス

トレスのないドライブも楽しめました。

◆私の車間距離確認方法

「車間距離を取りなさい」と言われても、走行中に三十メートル、五十メートルが瞬時にわかる人はそう多くはないと思います。

私の場合は走行速度を基準としています。時速五十キロの時は、自分と前方の車の間に二台の車が走っているイメージを持ちます。時速六十キロの時は三台の車が走っているイメージを目安にしています。信号待ちで停車する時は、車一台分が入れるスペースを確保するようにしています。

埼玉県警の「〇一〇二運動」を参考にするのも良いかと思います。

「おもいやり」な安全対策

私は「気遣い」「心遣い」「おもいやり」を、時間の長さであえて使い分けています。

・気遣い…そのときどき、瞬間にできる相手を思う気持ち
・心遣い…少し考える時間があるときに、より相手を思う気持ち
・おもいやり…今日までに時間をかけて考え、今の自分ができる最高の親切をする

このように考えています。いずれにしてもいつも心がけることで、できる限り早く、多くのやさしい行動ができれば良いなぁとの思いです。

少し前のアメリカ映画「最高の人生の見つけ方」の中で、「見ず知らずの人に親切にする」という目標があったことを思い出します。

自動車運転は「自動車操縦ルーティーン」で笑顔になれて、気楽な安全運転状態を保て

ます。余裕が生まれます。カッコ良くなりますよ。出発・停止、信号待ち、右折・左折、後退、高速道路、二車線道路、センターラインのない対面通行等々、それぞれのシチュエーションに対して自分なりのルーティーンを作ります。そのときにはマニュアルミッション車を思い出して作った方が良いでしょう。そうしてルーティーンに忠実に操縦するようにすることが大切です。これを何度もくり返すことで必ず身体的朦朧運転は防げます。その結果、余裕が生まれ明朗運転ができます。笑顔になれます。

自分の車が歩道のある広い道路に出ようとするときは、歩道の手前で停止します。絶対に正面に見える行き交う車を見たり気にしたりせず、そして歩道にかからない位置で停止します。もし歩道の上で停止すると歩行者妨害になります。歩行者を威嚇することになります。この行為はすでに身体的朦朧状態です。歩行者を気にしないドライバーはいません。しかし……前方の自動車の方が気になるのです。まずは歩道に集中してください。

歩行者には是非、気遣い・心遣い・おもいやりを持って接してください。できるなら笑顔で、そして手の平を見せて明るさを添えてください。歩行者が「会釈」をしたならあなたも軽く頭を下げてください。この数秒の間にあなたは上品なドライバーになります。

皆さんにわかっていただきたいのは「高齢者」だから……という問題ではありません。

すべての人々の「現代病」だと言うことです。

どっしりとした、上品でやさしい大人をとり戻してください。カッコいいじゃないですか！


ホワイ・ノット！　イイトモ！

でいきましょう。

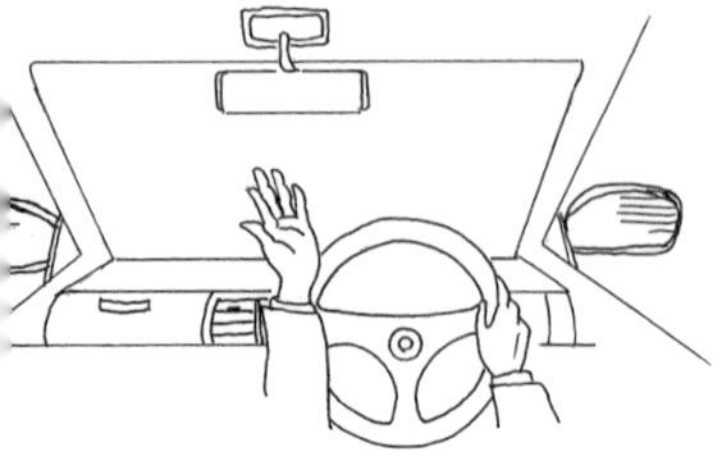

重大事故の問題点

現在の事故を語る上で、高齢者とそれ以外の人を区別して考えることは必要かもしれませんが、ドライバー全員が正さないといけない「誤り」を認めることが重要で、それを知った上でやるべき操作を身につける努力が必要です。

今、やるべきことは次の三点です。

一、ブレーキを踏め！
二、左タイヤの位置を知れ！
三、尻尾があると思え！

人が瞼《まぶた》を閉じるように、踏んでいるブレーキ操作を考える。危ないときはブレーキを踏む。

左タイヤの位置がわからない状態で走っている今の運転をやめる。

目で見た目標に向かって一目散にハンドルをきって向かっていく運転をやめる。

理由は、

一、自信を持って急ブレーキを踏むため。

二、不安ばかりが増えて余裕がなくなるため。

三、獲物を狙うわけでもないのに周囲に対して威嚇をし（ショートカットをして向かっていく）、周囲の人たちにストレスを与えるため。また、頭から突っ込むので尻が残っていることが多く、自分も失敗してやり直す必要が起こり、結果、イライラすることが多いため。

急がば、まわれ！

ハンドルを回さなくなったドライバー

ハンドルは自動車の基幹部品の一つです。そのハンドルを回さないということは、車として機能を満たさないことになるのでは？　と思われるので説明します。

ハンドル（ステアリングホイール）は、もともと両手で回しても結構力の必要な操作でした。それを解消するために生まれたのがパワーステアリングで、油圧や電気を使って力を軽減しても簡単にハンドルを回せるシステムとして開発されました。おかげで腕の負担がなくなり楽に回せるようになりました。人は便利になると物事を省略したくなる動物のようです。パワーステアリングのおかげで今では片手で回せるようになったのですから。

インフラ整備も自動車の普及とともに発展し、道路も広くなりました。見通しの良い交差点、広い交差点や、曲がりくねった道がカーブを減らし便利になりました。

するとドライバーは、両手を使わなくても片手で回せる範囲内で走れることに気づきます。交差点では㊟信号で停車して、次に㊕になっても右折車はあまり直進しないで片手で回せるカーブを見つけてしまいます。その結果、片手ハンドル操作で右折するようになりました。交差点の中心まで進み待機して、そこから右折をするという本来の右折方法が変わっていくことになったのではないかと思います。この情報も、知らず知らずに身体が覚えてしまおうとしています。間違った情報を伝えるようになった原因の一つです。

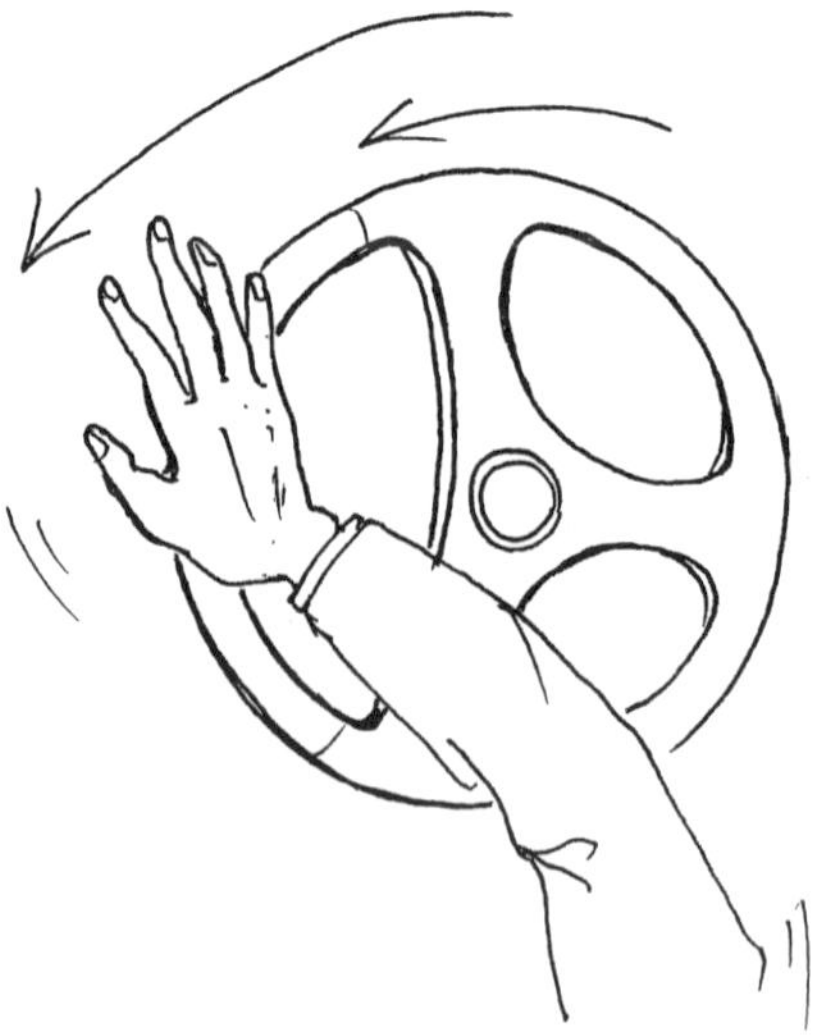

ドライバーの中には中心まで進まず、後続の直進車に迷惑をかけていても気にせず、そして重大事故の可能性が増すことに気づかず平然として当たり前になる様子もうかがえます。朦朧運転の大きな原因の一つです。すでに朦朧状態です。

ウインカー（方向指示器）を出さないドライバーと朦朧運転

岡山県のある町では、交通事故が頻繁に起きる交差点があったそうです。事故原因を調べていくと、右折や左折時に方向指示器を出さないで走行する自動車が多いことがわかったのです。

そこで県は交差点の手前の路面を使い、「合図」の文字を路面標識として表示したそうです。結果、ドライバーは方向指示器を使うようになり、交通事故も減ったそうです。

方向指示器は三十メートル以上手前で出すというルールがありますが、今や交差点で停車してから操作したり、右左折をしながら操作したり、形式だけの自己満足状態のドライバーも多いようです。どうかすると指示器レバーに触れるのが面倒だからと、ハンドルを回すときに指を一本伸ばし、その先でレバーに触れて点灯させる人がいるくらいです。

道路を広くして便利になっても、前方を走る車が突然、道路中央で停まってから右折の合図を出されては、その後ろを走ってきた人は同じように停車するしかないわけでイライラさせられてしまいます。便利は不便の始まりかとついつい考えてしまいます。

自動車の通行量が減っても交差点や道路が広くなっても渋滞が起こるのは、こういった運転方法に問題があるのは間違いありません。

こういった「イライラ」が「ストレス」をためることになり、朦朧運転の原因になっていきます。

もし渋滞に巻き込まれても慌てないで、駐車ブレーキを使いⓅやⓃにシフトし、右足、左足の足首ストレッチをして、ストレスを発散させるためにブレーキペダルを強く踏む練習をしてください。

豆知識です。

アクセルペダルは踏んでも抵抗がないのですが、ブレーキペダルはすぐに踏み込めなくなるので、その違いも感じとってください。

危険予知　～知らず知らずの威嚇運転～

本当に重要ですので、もう一度説明させてください。

一、右折時（左折時）、はじめに進行方向に向きを変えて進もうとする行為。
二、歩道のある広い通りに進入しようとするとき、歩道の上で一旦停止をする行為（進入しようとする道路の手前）。

日本ではまだまだこのような行為が多いのです。なぜ、威嚇なのかを説明します。

一、について

動物は自分の目で目標を定めて進みます。ハンドルを回して目標に向かうのは当然ですが、本能のままに行動するのはとても危険です。そのためにルールがあるわけです。

自動車を「操縦」するときは、右折（左折）する前から準備が必要な理由があります。まず右折ならセンターライン寄りを走行し交差点の中心まで進まなくてはなりませんが、ハンドルを右折方向に回し始めるということは、右折をしようとしたときに中央寄りの位置を走行していなかったわけです。したがってこのまま進んで中央まで行くときには、自動車は斜め三十度以上の角度で停止することになります。もし中央寄りを走行してきた場合はハンドルを右に回すとセンターラインを越えるため、交差点の手前で停止してしまうことが多いのです。

結局どちらにしても対向車や歩行者に立ち向かう体勢で停止しているので、もし誤って急発進をしたら必ず重大事故になります。重大事故にならなかったとしても（何も起こらなかったとしても）、後続車や歩行者に迷惑をかけてしまっているのをよく見かけます。

ですから、

①センターラインに寄って交差点の中心まで直進します。そして直進の状態で停止です（注＝交差点が広い場合、右折レーンがある場合は斜め右に頭を振る形で停止線が引いてあるところもあるので、従ってください）。

②対向車をやり過ごしたら、そこからハンドルを回して左側通行を意識して、大きく右旋回して右折します。自分の前にショートカット（近道）右折する車があってもついて回らず、必ず中心まで進むことを心がけてください。中心まで行く間に次の対向車（直進

車）の確認をしてください。

二、について説明します。

これも停車位置が問題です。道路に進む前に歩道があるので歩行者に気をつけなくてはなりません。車に気をつける前に歩行者です。人は車に乗るとなぜか高い所から（上から）物を言います。意見します。車を見て危ないと思うのに、歩行者を見ると「気をつけろ！」と上から目線になるのです。

①まず進入しようとする道路の歩道の手前で一旦停止します。もしも建物や木々で見えにくいときはゆっくり進みます。

②歩行者を見つけたら手をさし出して手の平をやや上に向けて見せてください。歩行者は頭を下げて横切って行くでしょう。しかも笑顔で。

※決して手の平を立てて小刻みに左右に振らないでください。上から目線になりますから。

手の平を見せて「どうぞ」という仕草は、歩行者からは「上品なドライバー」「余裕のあるベテランドライバー」に見えるものです。このわずかな時間に流れる空気が安全運転をしようとさせてくれるに違いありません。

歩行者とコミュニケーションが取れた感覚は、本当にうれしい気持ちにさせてくれるものです。

結局、右折の仕方はどれが正しいの？　～右折の現状に見る恐怖～

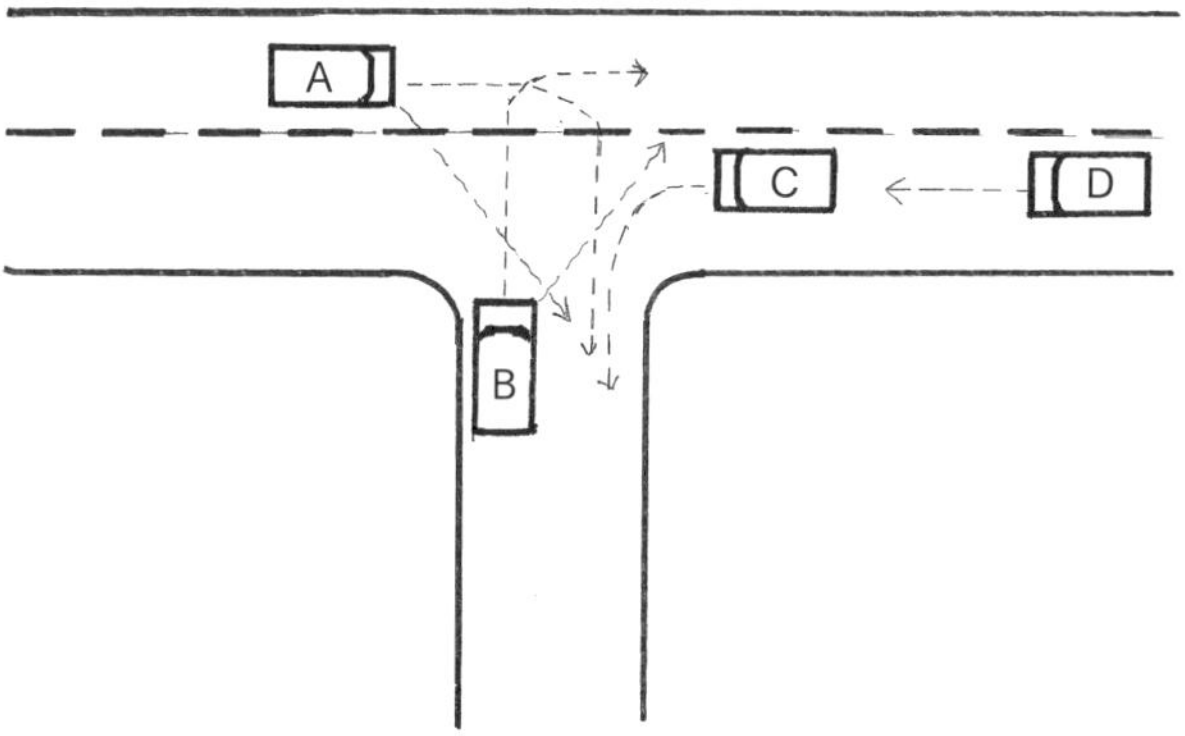

信号のないT字型交差点の場合、次の※は事故の原因となる可能性があります。

●A車が図の位置で停止すれば……

※Aが停止したことによりBが先に右折する可能性がある
※B車のショートカット（近道）の可能性がある
※Aの停車位置ではD車が見えないことがある
※Aのショートカットの可能性がある
※Aは右折をするため停止するが、Cが左折するのを見てBより先に右折する可能性がある

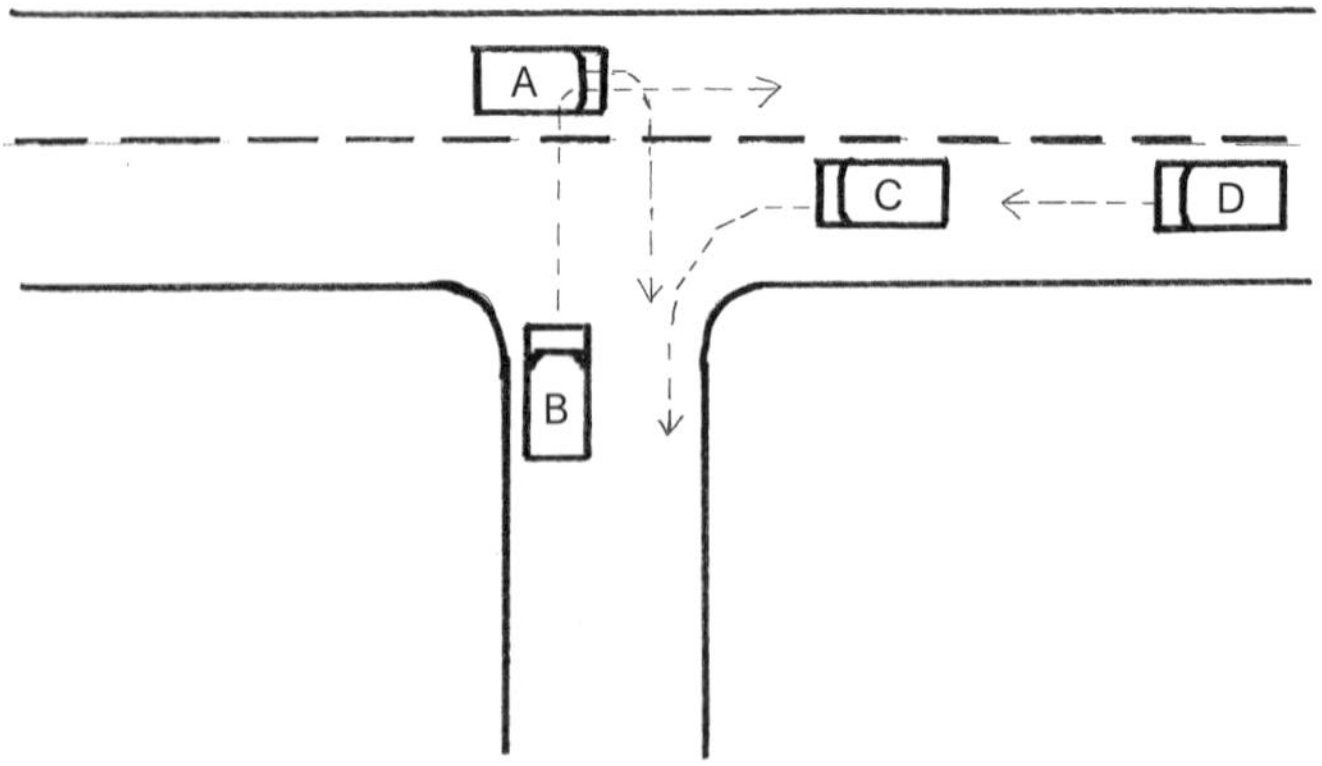

※Bも右折をするため停止するが、Aが停車するのを見て先に右折する可能性がある
・Cはウインカーを出して左折態勢
※Dは直進しているので、AやBが、どちらかが先にDに気づかず右折する可能性がある

↓つまり、Aの停車位置が間違い。結果的に事故が起こる確率は非常に大きい。

それでは、次に正しい右折（事故が起こりにくい）を説明します。

・Aは停止した位置からCとDを確認
・AはCの左折とDの直進を確認
・AはCとDがそれぞれ左折及び直進してから右折

・Bは A の右折後に右折
※Bはショートカット（近道）右折をしないように注意する
◎一番リスクが少ない
◎左側通行を厳守している
◎広い通りの直進車を優先しているのでショートカット（近道）が少ない

◆「サイドブレーキ」をもっと使いたくなる！　そしてよく効く方法！

①サイドブレーキレバーを引くときにロック解除ボタンを押しながら引きます。
②いっぱい引き、ボタンを離し、さらにカチカチと一、二回音がするまで引くと完璧。
※この方法で静かに、そして、今まで以上に確実に効かすことができます。

ちょっとうれしい話

ある日、私が片側一車線道路を走っていたときの話です。

対向車線は流れてはいましたが、どちらかというと少し多めの通行量でした。私の車線も、決して多くはないけれども途切れることはなく、皆がマイペースで走っていてちょうどいい感じのドライブ状態でした。

しばらくすると対向車線の車列が途切れたので、「うん？　何かな？」と思って緩いカーブを過ぎると左方向に枝分かれする、いわゆるT字路が見えてきました。対向車線はその交差点を右折するため停止した車輌が後続車をせき止めた状態で、すでに十台以上が止まっていました。

私は信号がないと分かっていたので、交差点手前で停車し、手の平を見せて「どうぞ」とアピールしました。先頭の右折車は手を上げて右折していきました。

そうすると対向車線の車両は流れ出し、数台目の大型トラックのドライバーが私に向かって、運転席のドアの窓から右手を出して大きく手の平を見せて、「ありがとう」と言ったかどうかは分かりませんが、笑顔ですれ違っていきました。

普通の感覚なら右折車の最初のドライバーは合図してくれることはあっても、二台目、三台目のドライバーがそのような対応をしてくれることはなく、慣れていなかった私はちょっとうれしくなりました。

これこそが余裕のある上品な大人のドライバーだと思いました。そしてこのことだけでもお互いが安全運転していて良かったと思うはずです。

このようなドライバーがもっともっと増えればいいと思います。ストレスもなくなり、朦朧運転の原因が一つ消えることは間違いありません。

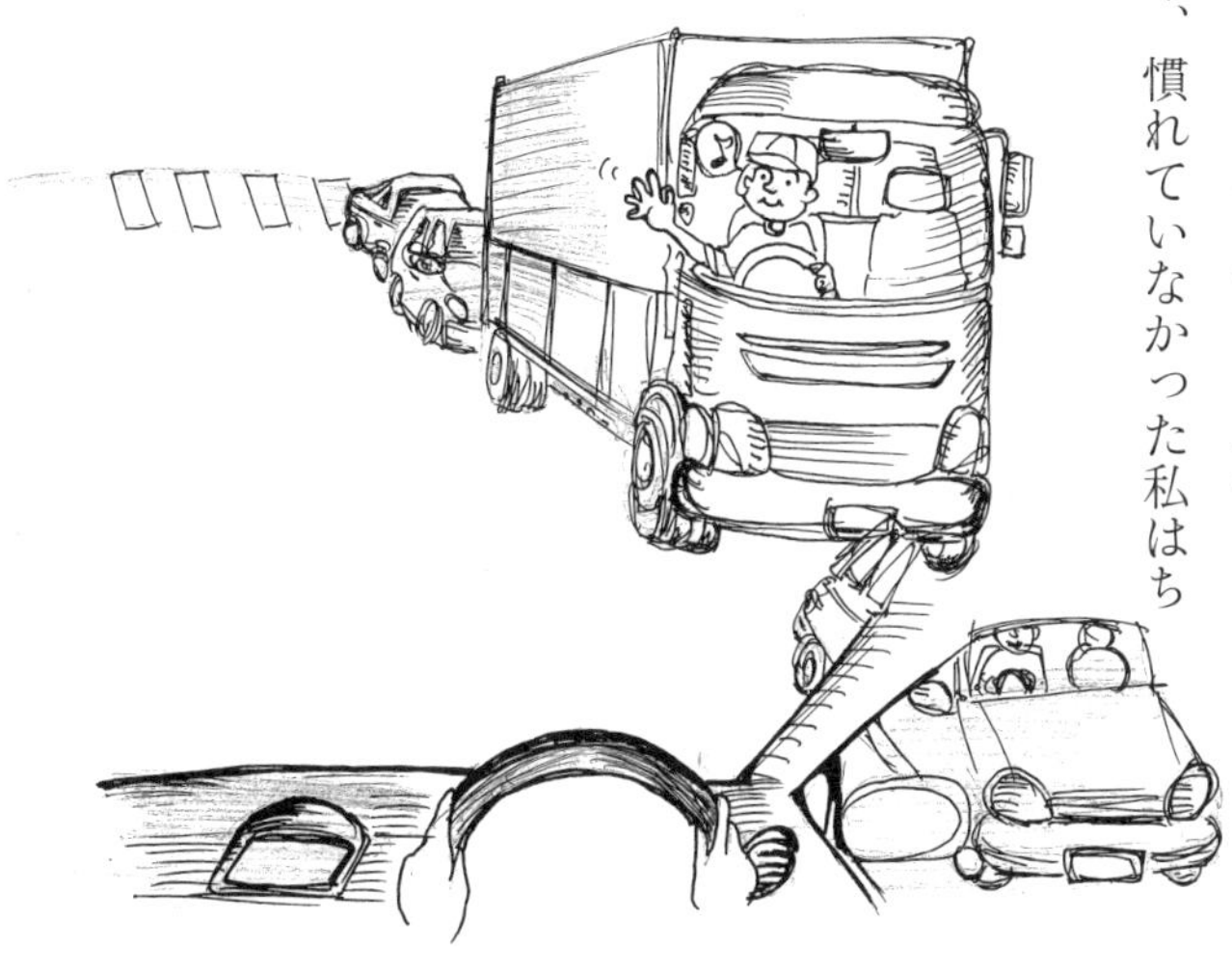

身体的朦朧運転の前兆

一、ブレーキを踏み続けるようになった。
二、ブレーキを踏まなくなった。
三、車間距離が短くなった。
四、右折時に交差点中心まで進まなくなった。

この中に一つでも思いつく内容があれば、今すぐ事故防止ルーティーンを試してください。

それではおさらいします。

一、ブレーキを踏んでいる意識がない。
二、自分の前を走る車にぴったり付くなど集中力がない。
三、余裕がなくなっている。

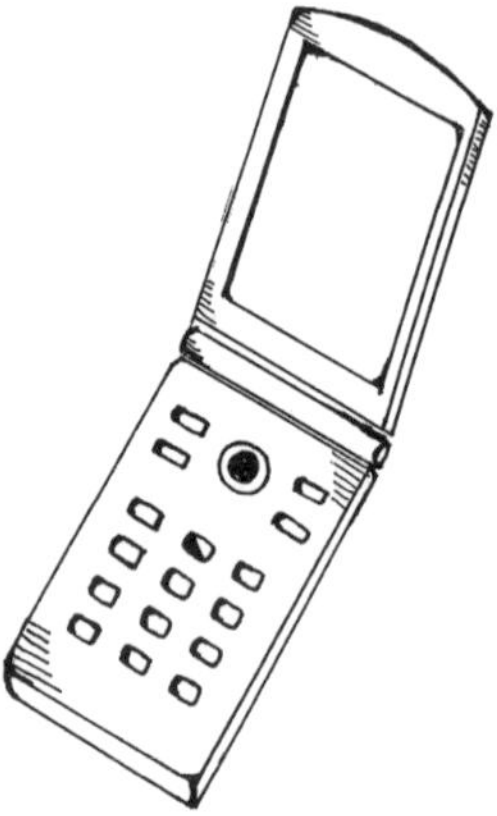

四、自分の周りの状況が見えず、不安になっている。

もしこのとき携帯電話が鳴ったとしたら……と仮定して、一例を取り上げてみました。ぜひ参考になさってください。

一、ブレーキから足を離した直後で車が動き始めていたので、ハッとなってどこかに車を停めないと、などと思いながら、でも今は停まれないなどと感情が入り、足先はアクセルとブレーキペダルを行き来してしまい、どこかで停まろうとアクセルを踏んだら、ブレーキだったので追突されそうになった。

二、前方の交差する道路に出ようとしていたときに携帯電話が鳴り、気になって左側後方から自転車が近づいていたのに後方確認しないばかりか、一旦停止も忘れて左折したために自転車を巻き込みそうになった。

三、元々適正な車間距離も把握できていなかった上に、焦っていたときに携帯電話が鳴り、気を取られたと同時に前方の車のブレーキで追突しそうになった。
四、右折しようと交差点に差しかかったときに携帯電話が鳴り、気を取られて交差点中央手前の横断歩道上に停車したら鳴りやみ、対向車も途切れたので中央まで進まないで、その位置からショートカット（近道）右折をした。

いかがでしたか。こんな経験はありませんでしたか？

豆知識

レンタカーや友人から借りた時、ガソリンスタンドであわてたことはないですか？

拡大図

燃料計内の給油計マーク
と
◀給油口の位置マーク

※右側なら給油口は車両の右側面
左側なら給油口は車両の左側面

耳寄りな話④　絶対にしてはならない動作

・足先をアクセルペダルとブレーキペダルの間を行き来させ、

・一旦停止せず、走りながらキョロキョロ確認すること。

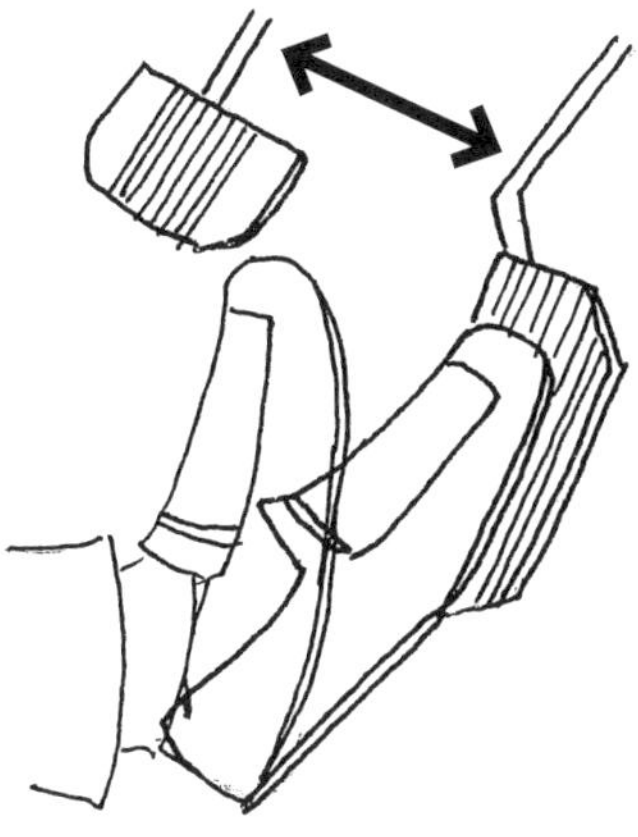

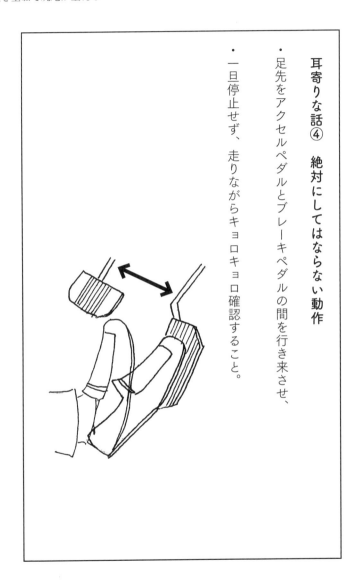

歳を重ねて尻尾が生える　～ベテラン運転手の自覚～

人間は母親の胎内に生命を宿したとき、数カ月は「尻尾」が生えていると聞いたことがあります。進化の過程で二つに分かれて、一方は尻尾のない人間、もう一方は犬や猫のような動物に分かれるらしいのです。

進化の結果、二足歩行や器用に使える手足を有し、言葉を使い学習できる頭を得たのです。

「退化の進化」という考え方がありますが、間違った使い方で重大事故を起こし、それが怖くて使わなくなり退化していくとすれば、ひょっとしたら今、その入り口に差しかかっているのかもしれません。恐ろしいことです。手立てがあるのなら今すぐ操縦から始めましょう。

本来は尻尾があるのだと思いなおし、手や足、頭をもっと有効に、そして大切にしてほしいとの思いから、自覚していただくために、こんな表現をしてみました。

しかし、もしも再び尻尾が生えて足の代わりができる、手の代わりができる、誤った情報を検知して修正信号を出すことができる、このような退化の進化も、笑い話でなくなる日が来るかもしれません。

今日もテレビのニュースが暴走死亡事故を報じていました。死亡者三名、重軽傷者六名……、『通学路の生徒の列に車が突っ込む！』と。

やってしまってから後悔しても遅いのです。今から意識を変えましょう！

ちょっと余談ですが……⑥

環状交差点とは、日本ではあまり存在していない交差点の一つの形です。ラウンドアバウトと呼ばれることもあります。よく似た交差点としてロータリー式もあります。共通する点は一方通行で信号がないことです。

注目すべき点は交通事故の件数が一般的な交差点に比べて少ない点です。駅前の整備方法として使われることが多いそうです。

私が注目しているのは、一方通行だという点です。本書で左側通行の意識を重要視していますが、環状交差点内では一方通行なので間違いは発生しないということです。
朦朧運転の原因が一つなくなるわけです。

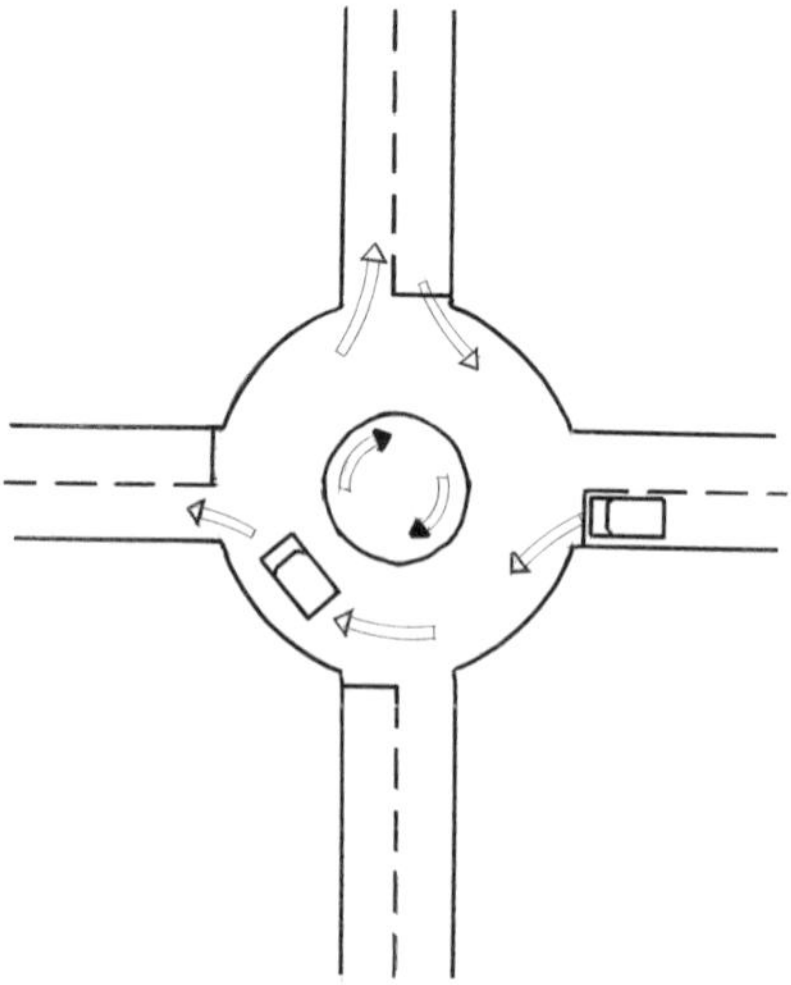

環状交差点

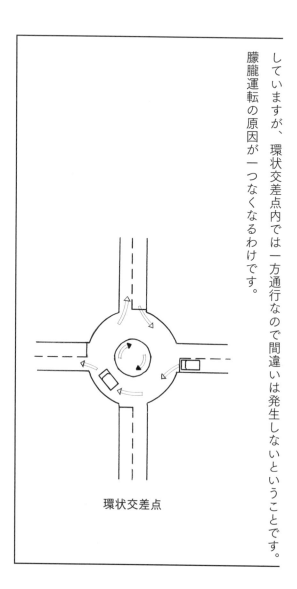

ちょっと余談ですが……⑦

自転車と歩行者の事故、自転車と自転車の事故等々、自転車の関係する事故が増え、死亡事故まで発生しています。

私がこれらの事故で注目しているのは、電動アシスト式自転車が増えていることです。特に二人乗り、三人乗りや積載可能式など自転車の重量が増えている点、そしてブレーキ部品の摩耗が予想以上に早いことです。乗る人も歩行者も自己責任の範囲が間違いなく広まりつつあるように思います。

交通ルールも変わっています。自転車は左側通行です。走れる場所も制限が発生しています。今からでも自転車の交通ルールを確認して、安心して走れるようにしておかないと危険だと感じています。

おわりに

自動車事故を危険予知という観点から調査研究していると、その原因は自動車に関係ない、現在社会の感情や考え方といった何万人の何万通りの原因が複雑に入り組んだ、言わば完成したジグソーパズルをひっくり返したようになってしまっていると感じます。

行動の速さを競うがゆえに、コンピューターに頼り、導かれた答えを利用し、人間同士のコミュニケーションをなくし、手探りで暗闇を歩く時代に戻ってしまうのかという不安を感じます。「便利は不便の始まり」とはよく言ったものです。

携帯電話の使い方一つをとっても、わからないことが増えました。例えば自動音声の女性に案内してもらって「えっ？　もう一度言って」と思っても答えてはくれないので、結局望む結果にならず、無駄な時間を過ごしてしまうことだってあります。

世の中の便利が今の自分に便利とは限りません。そんなときは一度立ち止まろうと思います。おいしいものでも食べて、お酒でも飲んでゆっくり過ごします。

大型トラックや大型バスも、今後もっともっとA／T車が増えるでしょう。マニュアル車のドライバーもA／T車に乗るようになり、A／T車しか知らない人も増えるでしょう。

自動車の構造や特性を知らないドライバーがいることは、フェード現象やハイドロプレーニング現象、ベーパロック現象、トルコン現象に起因する事故、さらには装備の重量増加を招き、車輌横転事故も増えるでしょう。自動運転車との共存も簡単な問題とは言えません。

自動車は楽しい乗り物で、それをカッコ良く操れる人は楽しい人生のはずです。またそうあるべきです。ドライブは人生の縮図です。どうか皆さん、今からでも決して遅くはないので、明るい未来が幸福な人生になるように、私たち一人一人が安全運転を目指そうではありませんか。

瑞木　秀光

著者プロフィール

瑞木 秀光（みずき しゅう）

京都府出身

趣味　危険予知、旅行、ゴルフ

イラスト　みずき 敬《けい》

歳を重ねて尻尾が生える　朦朧運転を阻止！ ベテランドライバーの自覚

2020年３月15日　初版第１刷発行

著　者　瑞木 秀光

発行者　瓜谷 綱延

発行所　株式会社文芸社

〒160-0022 東京都新宿区新宿１－10－１

電話 03-5369-3060（代表）

03-5369-2299（販売）

印刷所　株式会社フクイン

ISBN978-4-286-21285-2